GUOJI SHIPIN FADIAN NONGYAO CANLIU
BIAOZHUN ZHIDING JINZHAN
（2021）

国际食品法典农药残留标准制定进展

（2021）

农业农村部农药检定所　组编

黄修柱　单炜力　叶贵标　段丽芳　主编

U0334338

中国农业出版社
北　京

编 委 会

前 言 ///////////////
FOREWORD

　　民以食为天，食以安为先。食品安全事关广大消费者的身心健康，是实现全国人民美好生活的最基本保障。食品安全也事关消除贫困、消除饥饿，是实现 2030 年全球可持续发展目标的基本要求。食品中包括农药在内的化学物质是全球食品安全的主要关注重点之一，农产品中农药残留是影响我国食品安全和农产品质量安全的重要因素之一。除了直接关系到广大消费者的身心健康，农产品中农药残留已经发展成为农产品国际贸易的重要技术壁垒，直接影响农产品和农药的销售和国际贸易，受到世界各国政府的高度重视和国际社会的普遍关注。

　　国际食品法典（CODEX ALIMENTARIUS）是国际食品法典委员会（CAC）组织制定的所有食品质量和安全标准的总称，包括食品标准、最大残留限量、行为准则、技术指南、指导指标和采用检查方法等。由于国际食品法典基于最新的科研成果，经过公开透明的制定程序，通过和成员协商一致而制定，目前得到世界普遍认可，并作为世界贸易组织（WTO）《卫生与植物卫生技术性措施协定》（SPS 协定）指定的仲裁标准，成为保护人类健康和促进全球食品公平贸易的重要措施。我国自 1983 年参加第一次 CAC 大会，1984 年成为 CAC 正式成员以来，积极参与 CAC 标准的制定工作，一直关注、参与、跟踪和研究国际食品法典的进展，为建立和完善我国食品和农产品质量安全体系提供了重要参考。国际食品法典农药残留委员会（CCPR）

作为 CAC 设立最早的主题专业委员会之一，主要负责食品和饲料中农药最大残留限量法典标准的制定工作，是目前制定法典限量标准最多的委员会。我国于 2006 年成为 CCPR 的主席国，从 2007 年开始每年在我国召开一次 CCPR 年会。迄今为止，CCPR 已在我国北京、杭州、上海、西安、南京、重庆、海口、澳门等地和线上召开了 14 届年会。通过组织 CCPR 年会，我们深入了解了农药残留法典标准制定的程序、风险评估原则和系列技术指南，以及主要成员关注的热点，对法典标准不但做到了知其然，还知其所以然，从而成功借鉴法典标准制定的程序和指南，构建了我国农药残留标准体系，将法典标准转化为国家标准，加快了我国农药残留国家标准制定的步伐。同时，通过深入参与 CCPR 年会议题的研究和讨论，提升了我国在国际标准制定中的话语权。

不同国家的实践和经验均表明，跟踪和研究 CAC 农药残留标准制定的最新进展，是提高农药残留标准制定能力和水平的有效举措。同时，跟踪和研究每届 CCPR 年会讨论审议的农药残留标准，也是我国作为 CCPR 主席国的基本职责。作为 CCPR 年会重要的筹备工作内容之一，CCPR 秘书处每年组建年会各项议题的研究专家组，对年会拟讨论议题进行系统、深入的研究，其中年会讨论的农药残留标准是其最重要的议题之一，为主席主持会议提供技术支撑，为中国代表团准备参会议案和确定发言口径提供技术支持。

为确保供 CCPR 讨论和审议的标准草案具有充分的科学依据，联合国粮食及农业组织和世界卫生组织联合组建了农药残留联席会议（FAO/WHO Joint Meeting on Pesticide Residues，JMPR），为 CAC 和 CCPR 提供权威的科学评估和咨询意见。JMPR 由世界各地农药残留和农药毒理方面的权威专家组成，负责按照上年CCPR年会审议通过的农药残留标准制定优先列表，评审成员国和农药公司提交的农药毒理学和残留数据，开展系统风险评估，推荐法典农药残留限量标准草案，供次年的CCPR年会讨论和审议。JMPR评估的农药包括新评估农药、周期性评估农药和新用途农药评估三大类。其中，新评估农药是JMPR首次评估的农药，通常包括全套毒理学数据，农药在动植物中的代谢、环境归趋、残留分析方法、储藏稳定性、各国登记状况、田间残留试验、加工试验和动物饲喂试验等全套残留数据，结合各国、各地区膳食结构，开展风险评估，根据风险评估结果推荐农药最大残留限量标准草案。周期性评估农药是指首次评估15年后，对一些老的农药重新开展全套毒理学和农药残留评估，确保CAC农药残留标准符合最新的科学要求和人类健康需求，评估内容与首次评估农药基本一致。新用途评估农药是指首次评估或周期性评估后，增加了新的使用用途（新作物），评估新使用用途带来的风险变化，推荐新作物上农药残留限量标准。

　　为使更多的读者了解国际农药残留研究和标准制定的最新动态，为我国农药残留基础研究和标准制定提供更有意义的参考，CCPR秘书处组织专家编写了《国际食品法典农药残留标准制定进展》系列丛书。本书为《国际食品法典农药残留标准制定进展》（2021），主要根据JMPR 2019年5月在加拿大渥太华召开的特别会议和9月在瑞士日内瓦召开的2019年会议两次会议评估的内容，以及2021年第52届CCPR年会（视频）审议的结果编著而成。

　　本书简要介绍了国际食品法典及CCPR历史和现状，以及CAC农药残留法典标准制定的程序，着重分析了JMPR在2019年特别会议和2019年会议上推荐的8种新评估农药、4种周期性评估农药、37 种新用途评估农药的 500 余项食品法典农药残留限量（Codex‑MRLs）标准草案的评估过程和结论，并详细列出了新农药和周期性评估农药在世界各地区和各种相关农产品中的风险状况。本书是读者了解农药残留标准制定国际动态的权威著作，对从事农药领域教学、研究、检测和标准制定的管理部门、科研院校、检测机构具有重要参考价值，也适合农药生产、经营和使用者参阅，可以帮助关注农药残留的社会各界人士了解国际农药残留的相关动向。

虽然参与编著的专家均多次参加年会，长期从事农药残留和标准制定及相关的研究，但由于时间紧迫，知识水平有限，书中定会有很多不妥之处，请各位读者斧正。

编　者

2021 年 10 月 22 日

主要英文缩略词

ADI	每日允许摄入量
ARfD	急性参考剂量
BMD	剂量标准法
cGAP	农药使用最严良好农业规范
CXL	食品法典最大残留限量
EMRL	再残留限量
GAP	良好农业规范
GEMS	全球环境监测系统
HBGV	健康指导值
HR	最高残留量
HR‐P	加工产品的最高残留值（由初级农产品中的最高残留值乘以相应的加工因子获得）
KMD	基于动态衍生最大剂量
IEDI	国际估算每日摄入量
IESTI	国际估算短期摄入量
LOAEL	观察到有害作用最低剂量水平
LOQ	定量限
MRL	最大残留限量
MTD	最大耐受剂量
NOAEL	未观察到有害作用剂量水平
PHI	安全间隔期
RTI	施药间隔期
SPS	卫生与植物卫生技术性措施
STMR	残留中值
STMR‐P	加工产品的规范残留试验中值（由初级农产品中的残留中值乘以相应的加工因子获得）
TBT	技术性贸易壁垒

目 录 /////////////
CONTENTS

第一章 概　　述

一、国际食品法典委员会

国际食品法典委员会（Codex Alimentarius Commission，CAC）[1]是由联合国粮食及农业组织（FAO）[2]和世界卫生组织（WHO）[3]共同建立的政府间组织，通过负责确定优先次序，组织并协助发起食品法典（Codex）草案的拟定工作，以促进国际政府与非政府组织所有食品标准工作的协调，根据形势的发展酌情修改已公布的标准，最终实现保护消费者健康、确保食品贸易公平进行的宗旨[4]。

20 世纪 40 年代，随着食品科学技术的迅猛发展，公众对于食品质量安全及相关的环境、健康风险的关注程度不断提高。食品消费者开始更多地关注食品中的农药残留、环境危害以及添加剂对健康的危害。随着有组织的消费者团体的出现，各国政府面临的保护消费者免受劣质和有害食品危害的压力也不断增加。与此同时，各贸易国独立制定的多种多样的标准极大地影响了各国间的食品贸易，各国之间在制定食品标准领域内缺少协商，这给国家之间的商品贸易造成了极大的阻碍。随着世界卫生组织和联合国粮食及农业

---

① http://www.fao.org/fao-who-codexalimentarius/home/en/
② http://www.fao.org/home/en/
③ https://www.who.int/en/
④ http://www.fao.org/fao-who-codexalimentarius/about-codex/en/#c453333

组织的先后成立，越来越多的食品管理者、贸易商和消费者期望 FAO 和 WHO 能够引领食品法规标准的建设，减少由于缺失标准或标准冲突带来的健康和贸易问题。1961 年，FAO 召开的第 11 届大会通过了建立国际食品法典委员会的决议。1962 年 10 月，WHO 和 FAO 在瑞士日内瓦召开了食品标准联合会议，会议还建立了 FAO 和 WHO 的合作框架，并为第一次国际食品法典会议的召开做了准备。1963 年 5 月，第 16 届 WHO 大会批准了建立 WHO/FAO 联合标准计划的方案，并通过了《食品法典委员会章程》。1963 年 6 月 25 日至 7 月，国际食品法典第一次会议在罗马召开，这也标志着国际食品法典委员会正式成立[①]。

截至目前，国际食品法典委员会共计有 189 个成员，包括 188 个国家和一个组织（欧盟），以及 237 个观察员，包括 58 个政府间组织、163 个非政府组织和 16 个联合国机构[②]。

CAC 下设秘书处、执行委员会和 6 个地区协调委员会，其下属的目前仍然处于活跃状态的有 10 个综合主题委员会、4 个商品委员会和 1 个政府间工作组[③]。

《国际食品法典》是 CAC 的主要工作产出，概括而言，《国际食品法典》是一套国际食品标准、食品操作规范和指南的集合，其根本目的是为了保护消费者健康和维护食品贸易的公平。截至 2021 年底，CAC 共计发布了 79 项指南、55 项操作规范、632 项关于兽药的最大残留限量（MRLs）、232 项标准（包括 11 项通用标准和 221 项商品标准）、5 663 项农药的最大残留限量和 4 596 项食品添加剂最高限量[④]。

[①] http://www.fao.org/3/CA1176EN/ca1176en.pdf
[②] http://www.fao.org/3/cb1502en/CB1502EN.pdf
[③] http://www.fao.org/fao-who-codexalimentarius/committees/en/
[④] https://doi.org/10.4060/cb7565en.

二、国际食品法典农药残留委员会

国际食品法典农药残留委员会（Codex Committee on Pesticide Residues，CCPR）是 CAC 下属的 10 个综合主题委员会之一。CCPR 制定涉及种植、养殖农产品及其加工制品的农药残留限量法典标准，经 CAC 审议通过后，成为被世界贸易组织（WTO）认可的涉及农药残留问题的国际农产品及食品贸易的仲裁依据，对全球农产品及食品贸易产生着重大的影响。

CCPR 的主要职责包括：①制定特定食品或食品组中农药最大残留限量；②以保护人类健康为目的，制定国际贸易中涉及的部分动物饲料中农药最大残留限量；③为 FAO/WHO 农药残留联席会议（JMPR）编制农药评价优先列表；④审议检测食品和饲料中农药残留的采样和分析方法；⑤审议与含农药残留食品和饲料安全性相关的其他事项；⑥制定特定食品或食品组中与农药具有化学或者其他方面相似性的环境污染物和工业污染物的最高限量（再残留限量）[①]。

CCPR 原主席国为荷兰，自 1966 年第一届 CCPR 会议以来，荷兰组织召开了 38 届会议，2006 年 7 月，第 29 届 CAC 大会确定中国成为 CCPR 新任主席国，承办第 39 届会议及以后每年一度的委员会年会。CCPR 秘书处设在农业农村部农药检定所。截至 2021 年第 52 届 CCPR 年会，我国已经成功举办了 14 届 CCPR 年会，组织审议了 4 871 项 CAC 农药残留标准和国际规则。CCPR 是 CAC 制定国际标准最多的委员会。

三、FAO/WHO 农药残留联席会议（JMPR）

FAO/WHO 农药残留联席会议（Joint Meetings on Pesticide

---

① FAO/WHO，2019. Codex Alimentarius Commission Procedural Manual. 27 th edition.

Residues，JMPR）成立于 1963 年，是 WHO 和 FAO 两个组织的总干事根据各自章程和组织规则设立的一个专家机构，负责就农药残留问题提供科学咨询，由 FAO 专家和 WHO 专家共同组成。JMPR 专家除了具备卓越的科学和技术水平，熟悉相关评估程序和规则之外，还要具备较高的英文水平。专家均以个人身份参加评估，不代表所属的机构和国家。WHO 和 FAO 在确定专家人选的时候，也充分考虑到专家学术背景的互补性和多样性，平衡专家所在国家的地理区域和经济发展情况[①]。FAO/WHO 农药残留联席会议是 CAC 主要专家机构之一，独立于 CAC 及其附属机构，确保该机构的科学、公正立场。

FAO/WHO 农药残留联席会议一般每年召开一次，也会根据农药残留标准制定的迫切需要召开特别会议（extra meeting）。FAO/WHO 农药残留联席会议主要职责是开展农药残留风险评估工作，推荐农药最大残留限量（MRL）建议草案、每日允许摄入量（ADI）和急性参考剂量（ARfD）等供 CCPR 审议。FAO/WHO 农药残留联席会议一般根据良好农业规范（GAP）和登记用途提出 MRLs，在特定情况下〔如再残留限量（EMRLs）和香辛料 MRL〕根据监测数据提出 MRLs 建议。

FAO 专家组主要负责评估农药的动植物代谢、在后茬作物上的残留情况、加工过程对农药残留的影响、农药残留在家畜体内的转化、田间残留试验结果、农药环境行为以及农药残留分析方法等资料，确定农药残留定义，并根据 GAP 条件下的残留数据开展农药残留短期和长期膳食风险评估，推荐食品和饲料中最大农药残留水平、残留中值（STMR）和最高残留量（HR）[②]。

WHO 专家组负责评估农药毒理学资料，主要评估农药经口、

---

① Call for submission of applications to establish a roster of experts as candidates for membership of the FAO Panel of the JMPR，2015.

② FAO/WHO，2019. Codex Alimentarius Commission Procedural Manual. 27 th edition.

经皮、吸入、遗传毒性、神经毒性或致癌性等急性、慢性等一系列毒理学资料，并在数据充足的情况下估算农药的每日允许摄入量（ADI）和急性参考剂量（ARfD）。

　　FAO/WHO农药残留联席会议专家组根据风险评估的模型和方法，判断能否接受推荐的残留限量建议值，并将推荐的最大残留限量建议值供 CCPR 和 CAC 进行审议。

第二章 农药残留国际标准制定规则最新进展

农药残留国际标准制定规则包括农药毒理学和残留化学两个方面的内容，是指导农药残留国际标准的通用规则，为今后农药毒理学和残留资料评审、风险评估和限量制定提供科学指导。本章介绍FAO/WHO农药残留联席会议（JMPR）2019年两次会议期间讨论和确定的最新内容。

一、更新《环境卫生标准》第5章剂量-反应评估和健康指导值推导

几年前在毒理学领域提出了一种新的方法——基准剂量法（benchmark dose，BMD），该方法能够确定毒性起始点（point of departure，POD）阈值，可作为未观察到有害作用剂量水平（no observed adverse effect level，NOAEL）的替代方法。但基准剂量法只在近期才被一些权威机构广泛认可。然而，能够被用于确定基准剂量的选项很多，因而造成了毒性起始点确定缺乏统一标准。鉴于此，同时考虑到在危害评估实践领域取得的进展，2017年FAO/WHO食品添加剂联合专家委员会（Joint FAO/WHO Expert Committee on Food Additives，JECFA）建议更新《环境卫生标准》（*Environmental Health Criteria*，EHC 240）第5章的内容。此次JMPR会议通报了更新工作的进展。世卫组织组建了一个由基准剂量模型和毒理学方面的国际专家组成的工作组，起草了第5

章指南的更新草案。在 2019 年 3 月 25—29 日于日内瓦召开的研讨会上，JECFA、JMPR 以及多个国家和组织的专家对草案进行了讨论。参会人员认可了该草案整体框架，包括剂量反应评估、确定毒性起始点和制定健康指导值的内容。会议对文件草案进行了讨论，并进行了必要的修改和增补。

更新后指南的主要变化如下：

1. 在剂量-反应模型一节，提供了剂量-反应模型的原则，同时描述了各种数据类型（连续、量子、计数等）的模型的数学函数及模型的不确定性、模型参数的限制、模型均值、BMD 软件（BMDS，PROAST）和各种流行病学数据模型。

附件提供了关于 BMD 分析的专家信息，并给出了 BMDS 和 PROAST 软件程序的应用例子。

2. 确定毒性起始点（NOAEL 和 BMDL）的章节提供了一项指南，该指南运用分级评估法为 BMD 模型确定基准剂量（BMR），并且报告 BMD 结果（如 BMR 的大小、软件的使用、用于平均的模型、BMDL 和 BMDU 等）。

3. 制定健康指导值的章节也已经更新，该章节包括国际化学品安全项目的相关信息，包括行动模式，关于使用流行病学数据指南，以及关于建立微生物每日允许摄入量（acceptable daily intake，ADI）或急性参考剂量（acute reference dose，ARfD）的必要性的考虑。

该决策树为关键终点的选择、剂量响应模型的建立、毒性起始点的识别和建立基于健康的指导值（HBGV）过程的结构化方法提供了指导。

根据专家的反馈意见，该指导意见正在进行修订，预计将于 2019 年年底或 2020 年年初向公众征求意见。一旦完成，将取代 *EHC 240* 的第 5 章。

二、多种化合物的联合暴露

监管机构在对食品中化合物进行风险评估时，越来越多地关注到多种化合物的联合暴露风险。因此，欧洲于 2015—2019 年开展了"Euromix"项目，旨在开发多种化合物联合暴露风险评估方法，该项目由"地平线 2020"资助。"Euromix"项目的核心目标是通过交流协调此类评估所采用的不同方法。为此"Euromix"筹办了 4 次关于协调评估方法的国际研讨会。"Euromix"开发了基于网络的工具箱和手册，提供数据库和方法来对化合物联合暴露进行分级评估。无论每种化合物的可用数据水平如何，都应进行评估。暴露和危害都可以使用该工具进行评估。

作为对"Euromix"项目的补充，2019 年 4 月 16—18 日，粮农组织和世卫组织在日内瓦举行了专家协商会议。来自欧盟（EU）和非欧盟国家的 15 名专家参与制定多种化合物联合暴露的风险评估指南。最终目标是公布指导意见，供粮农组织和世卫组织专家委员会（如 JECFA 和 JMPR）以及其他专家审议。

参会者同意将其推荐方法限制于非 DNA 活性诱变剂的物质，建议 DNA 活性诱变剂由《食品中化合物遗传毒性评估指南》WHO 工作组来评选化合物。参会者随后拟定了一种评估食品中化合物联合暴露风险的建议方法，希望 JMPR 和 JECFA 能够在今后的会议上进行试点。建议方法如下：

1. 如果单个化合物估算的膳食暴露量超过相关的 HBGV，或认为暴露阈值（margin of exposure）低并值得关注，那么该化合物应按照现行的做法，提交给风险管理者［国际食品法典添加剂委员会（CCFA）、国际食品法典污染物委员会（CCCF）、国际食品法典农药残留委员会（CCPR），国际食品法典兽药残留委员会（CCRVDF）］予以适当考虑。

2. 如果化合物属于先前在化合物联合暴露风险评估中评估过的化学类别，应纳入该化合物组进行评估。此类化学物分组可能基于结构（例如有机磷类）、毒理作用或作用方式（MoA）。

3. 如果该化合物不属于已建立的化合物联合暴露风险评估组，则需要根据专家的意见，确定是否有必要将其纳入中化合物联合暴露风险评估。

4. 如果该化合物的估算膳食暴露量不超过所有人群相关 HBGV 的 10%，则没有必要进一步考虑化合物的联合暴露评估。

5. 如果化合物在至少一类人群中的估算膳食暴露量大于相关 HBGV 的 10%，则应考虑将其纳入多种化合物联合暴露的风险评估中。

6. 对于风险评估组中的化学品，应遵循危险识别和特性描述的标准程序，包括在适当的情况下得出相对效能因子。

7. 对于膳食暴露评估，建议采用概率方法，最好使用每个国家的个人食品消费和残留浓度数据。对于急性和慢性暴露，需要采用不同的方法。

8. 对于单个国家，应当基于平均数或中位数残留浓度和平均食物消费水平来计算普通人群（消费者和非消费者）的慢性膳食暴露量平均值，或使用 WHO 膳食组的平均食物消费量。

9. 对于那些联合暴露可能会引起关注的化合物，应假定剂量可叠加，除非有证据表明不可叠加。联合暴露风险评估应使用标准方法，如（调整后的）危险指数或相对效能因子。

10. 应当确定关键的风险因素，包括对整体风险贡献最大的化合物，对估算的食物摄入总量和（或）每种化合物暴露量贡献最大的食物。

11. 对于农药残留，JMPR 专家应有证据表明，是否存在毒理学数据表明该物质与其他农药具有联合作用。这应基于结构相似性，作用方式（MoA）或不良作用途径（adversary outcome pathways）的毒理学概况以及共同的不良影响，必要时可参考国家或地区级别先前进行的评估。化合物之间协同作用的可能性应具体问题具体分析。

12. 如果该物质确实属于同一化学类别，应评估其共同暴露的可能性（共同发生或内部暴露）。评估涉及的农药残留信息包括：良好的农业规范、使用概况、现有的平均膳食暴露数据、毒物动力学（内部暴露）和生物监测数据。

13. 当考虑哪些化学品可以分组时，也需要考虑双重或多重用途的化合物（例如，同时用作兽药和杀虫剂）和作为污染物出现的、已停止的持久性农药（POP）。

参会者建议，应在即将举行的 JECFA 和 JMPR 会议上对该方法进行评估，并在该方法投入应用的 2～3 年后，对其进行评估和修订，包括评估和修订切合实际的阈值。一旦达成协议，在适当的情况下，应更新 FAO/WHO *EHC 240* 的第 6 章"膳食暴露评估"章节和第 7 章"风险描述"章节中包括的对多种化合物联合暴露风险评估的方法。

会议同意对本次会议首次评估的化合物试行基于慢性膳食暴露的方法。其中，仅有一种化合物氟螨唑的估算膳食摄入量超过 ADI 上限 10％的，不属于目前已确定的多种农药联合暴露评估组。

三、食品中化学物质遗传毒性的评价指南

在近期召开的 JECFA 会议（2017 年、2019 年）和 JMPR 会议（2016 年、2018 年）上，参会人员一致同意需要更新和扩充 *EHC 240* 第 4.5 节中"关于食品中化学物质遗传毒性评估指南"的内容。为此，WHO 组建电子工作组编写第 4.5 节的更新草案。2018 年 10 月 8—10 日在美国密歇根州安阿伯市举行的研讨会上，来自多个国家和组织的专家，包括部分 JMPR 专家，讨论了这一问题。

参会者同意该指南的概要，包括决策树，并且确定了需要进一步讨论的章节。该指南根据专家的反馈意见进行了修订，并计划在 2019 年年底或 2020 年年初向公众征求意见。一旦最终确定，它将取代 *EHC 240* 第 4.5 节。

该指南主要包括：

1. 导论部分，由风险分析和问题表述两部分组成，包括决策树，阐述评估食品中不同类型物质的潜在遗传毒性时应考虑的

问题；

2. 对不同类型遗传毒性的现有检测方法的描述；

3. 测试结果的解释指南，包括相关研究的识别、结果的权重和综合、基因毒性数据库的充分性、致癌性和基因毒性的整合；

4. 特殊考虑因素，包括计算机辅助法、毒理学关注的阈值、分组和交叉参考方法；

5. 在特定情况下要考虑混合物、调味剂、次要成分，以及在酶制备过程中的次级代谢物；

6. 最近的发展和未来的方向，包括体外和体内试验的创新性，以及不良作用途径和定量评估。

四、为评估 IESTI 公式进行的急性膳食暴露概率模型的评估结果

为审查国际估算短期摄入量（IESTI）公式，WHO 运用概率方法，结合国家食品消费调查数据和官方监测的农药残留浓度，针对不同人群或国家，对食品中的 47 种农药残留进行了急性膳食暴露评估。

JMPR 会议介绍了评估结果，涉及国家包括澳大利亚、巴西、加拿大、捷克、法国、意大利、荷兰和美国。通报了基于两种不同的建模方法对超过 ARfD 的急性膳食暴露估计值（以 ARfD 的比值表示）的评估结果。

在第一个模型中，使用相同的残留定义，将概率模型推导的急性膳食暴露估计值与 IESTI 的结果进行了比较。在概率模型中，测试了两种情况：10% 的农药使用量，即假设只有 10% 的不可量化样本含有农药（90% 的浓度为零；10% 的浓度为定量限）和 100% 的农药使用量（所有商品都经过处理，100% 的不可量化样本为定量限）。在适当情况下，可用转换因子将国家食品消费数据中消费的食品量转化为初级农产品量。研究结果包含成人（≥16 岁）

和儿童（≤6岁）。

从概率模型来看，所有国家的受试人群的急性膳食暴露估计值超过 ARfD 的风险为零。对于成人，在 97.5 百分位的急性膳食暴露均小于 ARfD 的 10%，对于儿童，小于 ARfD 的 50%。通过与 IESTI 计算结果比较，可以认为 IESTI 公式对急性风险评估结果是可靠的。

在第二种模型中，使用个人膳食调查中的每种食物中有关农药的最大残留限量值，而非实际监测值，作为商品中农药残留量，来评估食品法典中最大残留限量的保护水平（the level of protection，LoP）。LoP 表示为国家调查中急性膳食暴露估计值超过急性参考剂量的个体比例。在这个模型中，急性膳食暴露估计描述了一种最坏的情况，即假设所有商品中的农药残留均为最大残留限量，而消费的食物量均带有最大残留限量。如果急性膳食暴露估计值未超过 ARfD，LoP 将为 100%。对于任何给定的膳食调查，LoP 可以用于总体人口或任何特定的亚组。

将国家膳食调查获得的个人膳食数据结合每种农药残留水平，估算得到高度保守的急性膳食暴露估计值，与相关的急性参考剂量进行比较，以评估 LoP。在这种情况下，14 种农药的 LoP 均为 100%；计算的急性暴露量均未超过这些农药的急性参考剂量。另外 22 种农药的 LoP 大于 99%，另 7 种农药的 LoP 在 90%～99% 之间。对于剩下的 4 种杀虫剂，至少有 1 个群体的 LoP 低于 90%。IESTI 方程不是用来评估 LoP 的。

JMPR 认为，基于提供的信息，假设所有商品的残留量为最大残留限量时会产生极其保守的估计值，低于 100% 的 LoP 并不一定表明批准的农药用途在实际使用中的残留量会超过急性参考剂量。JMPR 建议了一种评估 LoP 更加合理的方法，即评估中采用单一商品的最大残留限量和其他商品的监测残留数据。

会议一致认为，如果有足够的数据和适当的工具，将来应考虑采用概率方法进行急性膳食暴露评估。

五、由于农药残留评估从基于最大耐受剂量转变为基于动态衍生最大剂量，需要毒理学释义方面的指南

在农药毒性的指导性研究中，使用包括最大耐受剂量（MTD）在内的剂量选择方案对农药进行评估，该剂量选择方案旨在最大限度地检测对给药后的实验动物的毒性。在重复剂量研究中引入生命体内毒代动力学表明，在一些这样的研究中，吸收是高度非线性的。在某些情况下，超过某一剂量后不再有额外的系统暴露。这不仅使剂量—反应关系的解释复杂化，而且将导致非必要地使用实验动物，因为从超过饱和点的剂量组中得不到有用的信息。

但非线性的毒代动力学不仅表现在吸收的饱和上，而且表现在母体和（或）代谢物的分布、代谢及减少的饱和上。这混淆了对这些研究的毒理学解释。

当人们直接接触到农药时，大多数农药在高剂量下都是有毒的。但是人们不会通过摄入食物中农药残留达到高剂量，即达到饱和水平的农药。因此，考虑农药和（或）其代谢物的内部暴露是由有效评估外推到人类的农药残留膳食风险的关键。

根据剂量非比例性的证据，在动物毒性试验中使用的最高剂量称为动态衍生的最大剂量（KMD）。如果有足够的数据支持基于KMD的评价，那么无论是从农药残留膳食风险评估（外推人类）的角度，还是从科学进步的角度，都认为农药残留的毒理学评价应从基于MTD转变为基于KMD。特别是，基于KMD的毒理学解释可能有助于评价高剂量下观察到的农药致癌性和通过灌胃进行的致畸性研究的结果。

为了使该毒性评估更具一致性和透明度，需要对基于KMD的毒性释义提供指导。

会议建议JMPR秘书处组建专家组，编写基于KMD的农药残留评价指南。

六、关于毒死蜱

会议了解到欧洲食品安全管理局（EFSA）在毒死蜱同行审评中获得人类健康评估结果新的信息。

EFSA 指出，用于阐明体外染色体畸变试验和两项未安排的DNA 合成研究观察到的阳性结果的体内彗星试验（即单细胞凝胶电泳，是一种快速且敏感性较高的检测 DNA 损伤的技术）没有进行。

根据 EFSA 的观点，毒死蜱可以通过抑制人体内拓扑异构酶II造成 DNA 损伤，这可能是婴儿白血病的分子级别上的启动事件，并且在一些流行病学研究中也发现婴儿白血病与农药接触有关。

EFSA 还指出，仅靠彗星试验研究可能不足以解决这一问题，需要更多的数据来解决氧化应激或拓扑异构酶II抑制引起的染色体畸变和 DNA 损伤的问题。

EFSA 还强调应关注毒死蜱的神经发育毒性，其依据是在试验中观察到毒死蜱对大鼠的影响（经脑重量校正的小脑高度下降），并且与儿童神经发育结果有关的现有流行病学研究中有证据支持这一观点。

鉴于距 JMPR 上一次审查毒死蜱已有 20 年的时间以及欧盟对毒死蜱给予的潜在关注，会议强烈建议将毒死蜱优先进行周期评估，且评估内容应包括流行病学方面的内容。

七、可能需要修订《环境卫生标准》关于
  "适当使用毒理学历史控制数据
  (HCD)"的内容

会议注意到使用 HCD 时在一定程度上会反复出现标准的不一致。虽然 *EHC 240* 就历史控制数据在毒理学数据总体评价中的应

用方面提供了指导，但其中一些要点可能还需要修改。会议要求
JMPR 联合秘书处设立一个电子工作组来负责确定并在必要时对
EHC 240 中的相关内容提出修正。

八、利用监测数据估算最大残留水平

JMPR 主要依据良好农业规范（GAP）条件下获得的田间残
留数据，来估算最大残留水平，并将它们推荐给食品法典委员会。
然而，估算最大再残留水平（EMRL）的基础则是依据监测数据。

CCPR 多年来一直考虑为发展中国家出口的重要商品设置
MRLs。2004 年举行的第 36 届 CCPR 会议达成一致，制定香料
MRLs 应基于监测数据，这是由于香料的生产措施多种多样，而且
没有可用的 GAP 数据。鉴于食品法典已经制定了一些杀虫剂在甜
椒（辣椒）和茶叶中的 MRLs，CCPR 同意辣椒、茶和草药不属于
"香料"定义范畴，因而不能根据监测数据（不论法典分类），而应
基于 GAP 和相应的田间残留试验数据来估算最大残留水平。第 36
届会议 CCPR 同时要求 JMPR 审查辣椒上现有的 MRLs，以便酌
情考虑使用加工/脱水因子制定干辣椒 MRLs。

2002 年，JMPR 制定了选择性调查准则，以便为评估香料中
最大残留水平提供残留数据。2004 年，JMPR 回应第 36 届 CCPR
会议的要求，制定了评估香料监测数据的原则和方法，并根据监测
数据估算了若干香料中的最大残留水平。2015 年，JMPR 对上述
原则和方法进行了完善与优化。

本次会议收到了一些香料商品的监测数据，其中包括干辣椒
（香料组，编号 HS0444）和鲜咖喱叶（Herb 组，编号 HH0729）。

会议强调，其更倾向于使用依据 GAP 条件进行的田间试验
获得的残留数据来估算最大残留水平，并再次明确其先前基于监
测残留数据进行评估的决定仅适用于评估再残留限量和香料的最
大残留水平。它也进一步确认，估算干辣椒最大残留水平，应基
于 GAP 条件下的辣椒田间残留试验数据。会议还注意到第 36 届

CCPR 会议没有使用干辣椒或咖喱叶片的监测数据来估算最大残留水平。

九、JMPR 特别会议（Extra‑Meeting）

JMPR 向 CCPR 提供科学建议，支持 CCPR 工作，然而 JMPR 所开展的工作任务繁重，经常超出其能力。通常认为增加 JMPR 会议频率是有效提高和加快 JMPR 对 CCPR 支持力度的一种途径。鉴于此，加拿大在第 49 届 CCPR 会议上提议并捐款支持召开 JMPR 特别会议。

第一次 JMPR 特别会议于 2019 年 5 月 7—17 日在加拿大渥太华举行。12 名 FAO 专家（包括 6 名来自巴西、中国、希腊、日本、马来西亚和英国的新专家）参加了会议。这些新专家于 2017 年参加了由加拿大政府和 FAO 共同赞助的培训班，学习 JMPR 农药残留数据评估和最大残留量估算的程序和方法。WHO 的 3 名专家也参加了会议。

2019 年 JMPR 特别会议评估了 19 种化合物的新用途，以及其中 8 种化合物的毒理学数据。会议取得了积极成果，包括：

1. 推荐了一批最大残留限量建议值，澄清了与评估化合物有关的毒理学问题，丰富了 2019 年 JMPR 工作成果；

2. 通过对新数据的评估，及时重新修订了麦草畏残留定义，使其涵盖耐麦草畏作物；

3. 在会前和会期为新专家提供了宝贵的实践机会和更加密切的指导。

会议还为将来可能举办的特别会议，提出了以下建议：

1. 为保持评估过程和决策的一致性，建议富有经验的资深专家同时参加特别会议和年度会议；

2. 由于专家人数有限，特别会议目前不适合进行复杂评估（例如进行新农药的评估或周期评估）；

3. 由于富有经验的专家可能同时参加 JMPR 特别会议和年度

会议，他们有可能超负荷工作，因而特别会议可能会降低 JMPR 年度会议进行复杂评估的能力。

最后，会议同意，根据新用途评估申请数量及数据和资源的可用性，至少应再召开 1 次 JMPR 特别会议。这将进一步提升新专家的经验，同时评估特别会议的价值。

第三章 2019 年制定农药最大残留限量标准新进展概述

2019 年 5 月 7—17 日及 2019 年 9 月 17—26 日，FAO/WHO JMPR 2019 年特别会议（extra‐meeting）及 2019 年会议分别在加拿大首都渥太华及瑞士日内瓦 WHO 总部召开。来自中国、美国、德国、英国、新西兰、巴西、日本的 9 名富有丰富经验专家和来自中国、日本、巴西、英国、马来西亚和希腊的 6 名新专家，以及 JMPR 的 FAO/WHO 秘书处的官员和报告员参加了 2019 年特别会议；来自美国、英国、加拿大、德国、荷兰、法国、意大利、瑞士、澳大利亚、新西兰、日本、中国、韩国、印度、马来西亚的 15 名农药残留专家和 25 名农药毒理学专家，以及 JMPR 秘书处、CAC 代表共 51 人参加了 2019 年会议。两次会议共评估了 59 种农药的残留及毒理学试验资料，基本信息详见表 3‐1‐1 至表 3‐4‐1。

其中，哒草特、二甲醚菌胺、氟螨唑、七氟吡蚜酮、杀铃脲、双丙环虫酯、缬菌胺和叶菌唑共 8 种农药属于首次评估农药。甲基立枯磷、乐果、烯草酮、氧乐果共 4 种农药属于周期性评估农药。噻嗪酮、除虫脲、氟唑菌酰胺、异菌脲、异丙噻菌胺、啶氧菌酯、丙环唑、吡唑醚菌酯共 8 种农药属于关注事项评估农药。2,4‐滴、啶虫脒、乙草胺、嘧菌酯、苯并烯氟菌唑、联苯菊酯、啶酰菌胺、噻嗪酮、多菌灵、氯虫苯甲酰胺、百菌清、环溴虫酰胺、氯氰菊酯、嘧菌环胺、麦草畏、喹螨醚、氟啶虫酰胺、精吡氟禾草灵、氟噻虫砜、氟吡呋喃酮、三乙膦酸铝、草甘膦、醚菌酯、高效氯氟氰菊酯、硝磺草酮、氰氟虫腙、烯虫酯、二甲戊灵、吡噻菌胺、啶氧菌酯、氟唑菌酰羟胺、甲氧苯碇菌酮、吡丙醚、螺虫乙酯、戊唑醇、噻菌灵、唑虫酰胺共 37 种农药属于新用途评估农药。

2019 年 JMPR 两次会议共推荐了 501 项农药最大残留限量，其中，新制定农药最大残留限量 368 项，修改农药最大残留限量 44 项，删除农药最大残留限量 89 项。

一、首次评估农药

2019 年 FAO/WHO 农药残留联席会议首次评估了共 8 种农药，分别为双丙环虫酯、二甲醚菌胺、叶菌唑、氟螨唑、哒草特、七氟吡蚜酮、杀铃脲和缬菌胺，相关研究进展见表 3-1-1。

表 3-1-1　首次评估农药的相关进展

序号	农药中文名	农药英文名	法典农药编号	主要评估内容
1	哒草特	pyridate	315	开展了毒理学评估，推荐了 ARfD、ADI
2	二甲醚菌胺	mandestrobin	307	开展了残留评估，推荐了其在葡萄等植物源农产品和哺乳动物脂肪（乳脂除外）等动物源农产品中的 12 项农药最大残留限量
3	氟螨唑	pyflubumide	314	开展了毒理学评估，推荐了 ARfD、ADI；开展了残留评估，推荐了其在苹果和茶中的 2 项农药最大残留限量
4	七氟吡蚜酮	pyrifluquinazon	316	开展了毒理学评估，推荐了 ARfD、ADI；开展了残留评估
5	杀铃脲	triflumuron	317	开展了毒理学评估，推荐了 ADI 和其代谢物的 ARfD、ADI；开展了残留评估

（续）

序号	农药中文名	农药英文名	法典农药编号	主要评估内容
6	双丙环虫酯	afidopyropen	312	开展了毒理学评估，推荐了 ARfD、ADI；开展了残留评估，推荐了其在结球甘蓝等植物源农产品、可食用内脏（哺乳动物）等动物源农产品和杏仁壳等饲料中的 40 项农药最大残留限量
7	缬菌胺	valifenalate	318	开展了毒理学评估，推荐了 ADI；开展了残留评估，推荐了其在茄子等植物源农产品和可食用内脏（哺乳动物）等动物源农产品中的 13 项农药最大残留限量
8	叶菌唑	metconazole	313	开展了毒理学评估，推荐了 ADI 和针对育龄妇女的 ARfD；开展了残留评估，推荐了其在香蕉等植物源农产品、可食用内脏（哺乳动物）等动物源农产品和大麦秸秆（干）等饲料中的 40 项农药最大残留限量

二、周期性再评价农药

2019 年 FAO/WHO 农药残留联席会议共评估了 4 种周期性评估农药，分别为烯草酮、乐果、氧乐果和甲基立枯磷，相关研究进展见表 3 - 2 - 1。

表 3 - 2 - 1　周期性评估农药的相关研究进展

序号	农药中文名	农药英文名	法典农药编号	主要评估内容
1	甲基立枯磷	tolclofos - methyl	191	开展了毒理学评估，推荐了 ADI；开展了残留评估，推荐了其在马铃薯等植物源农产品、蛋等动物源农产品中的 13 项农药最大残留限量

（续）

序号	农药中文名	农药英文名	法典农药编号	主要评估内容
2	乐果	dimethoate	27	开展了毒理学评估，推荐了 ADI、ARfD；开展了残留评估，撤销了其在芦笋等植物源农产品、蛋等动物源农产品和小麦秸秆（干）等饲料中的 34 项农药最大残留限量
3	烯草酮	clethodim	187	开展了毒理学评估，推荐了 ADI；开展了残留评估，推荐了其在大蒜等植物源农产品、蛋等动物源农产品和苜蓿饲料等饲料中的 29 项农药最大残留限量
4	氧乐果	omethoate	55	由于氧乐果及其代谢物的遗传毒性无法确定，未能推荐 ADI 和 ARfD，未能完成毒理学评估和残留评估，撤销了其在调味料（水果和浆果）、调味料（根和地下茎）中的 2 项农药最大残留限量

三、新用途农药

2019 年 FAO/WHO 农药残留联席会议及特别会议共评估了37 种新用途农药，5 月在加拿大首都渥太华召开的 JMPR 特别会议评估了 2,4 -滴、啶虫脒、苯并烯氟菌唑、联苯菊酯、噻嗪酮、多菌灵、环溴虫酰胺、氯氰菊酯、精吡氟禾草灵、氟噻虫砜、醚菌酯、高效氯氟氰菊酯、吡噻菌胺、啶氧菌酯、氟唑菌酰羟胺、甲氧苯碇菌酮、吡丙醚和唑虫酰胺；9 月在瑞士日内瓦 WHO 总部召开的 JMPR 会议评估了乙草胺、嘧菌酯、啶酰菌胺、氯虫苯甲酰胺、百菌清、嘧菌环胺、麦草畏、喹螨醚、氟啶虫酰胺、氟吡呋喃酮、三乙膦酸铝、草甘膦、硝磺草酮、氰氟虫腙、烯虫酯、二甲戊灵、螺虫乙酯、戊唑醇和噻菌灵，相关研究进展见表 3 - 3 - 1。

表3-3-1 新用途评估农药相关研究进展

序号	农药中文名	农药英文名	法典农药编号	主要评估内容
1	2,4-滴	2,4-D	20	开展了耐2,4-滴转基因棉花中代谢物评估，因缺乏代谢物的毒理学资料，残留评估未能推荐新的农药最大残留限量
2	百菌清	chlorothalonil	81	开展了毒理学评估和残留评估，推荐了其在蔓越莓中的1项农药最大残留限量
3	苯并烯氟菌唑	benzovindiflupyr	261	开展了残留评估，推荐了其在球茎洋葱亚组、甘蔗中的2项农药最大残留限量
4	吡丙醚	pyriproxyfen	200	开展了残留评估，推荐了其在芒果中的1项农药最大残留限量
5	吡噻菌胺	penthiopyrad	253	开展了残留评估，推荐了其在藤蔓浆果亚组、灌木浆果亚组等植物源农产品中的4项农药最大残留限量
6	草甘膦	glyphosate	158	开展了残留评估，推荐了其在豆类（干）、干豌豆亚组等植物源农产品中的5项农药最大残留限量
7	啶虫脒	acetamiprid	246	开展了残留评估，撤销了其在小豆蔻中的限量标准，新推荐了其在香料籽亚组中的1项农药最大残留限量
8	啶酰菌胺	boscalid	221	开展了毒理学评估和残留评估，推荐了其在苹果、芒果等植物源农产品中的9项农药最大残留限量
9	啶氧菌酯	picoxystrobin	258	开展了残留评估，推荐了其在高粱等植物源农产品、可食用内脏（哺乳动物）等动物源农产品和苜蓿饲料等饲料中的10项农药最大残留限量

（续）

序号	农药中文名	农药英文名	法典农药编号	主要评估内容
10	多菌灵	carbendazim	72	开展了残留评估，推荐了其在香料籽亚组中的 1 项农药最大残留限量
11	二甲戊灵	pendimethalin	292	开展了残留评估，推荐了其在藤蔓浆果亚组、灌木浆果亚组等植物源农产品中的 5 项农药最大残留限量
12	氟吡呋喃酮	flupyradifurone	285	开展了残留评估，推荐了其在鳄梨、可可豆等植物源农产品中的 5 项农药最大残留限量
13	氟啶虫酰胺	flonicamid	282	开展了残留评估，推荐了其在柠檬和酸橙亚组、橙亚组（甜、酸，包括类似橙子的杂交品种）等植物源农产品中的 4 项农药最大残留限量
14	氟噻虫砜	fluensulfone	265	开展了残留评估，推荐了其在甘蔗等植物源农产品和玉米秸秆（干）等饲料中的 25 项农药最大残留限量
15	氟唑菌酰羟胺	pydiflumetofen	309	开展了残留评估，推荐了其在大麦亚组（类似的谷物和没有外壳的假谷物）等植物源农产品、可食用内脏（哺乳动物）等动物源农产品和玉米秸秆（干）等饲料中的 51 项农药最大残留限量
16	高效氯氟氰菊酯	lambda - cyhalothrin	146	开展了残留评估，因实验数据不符合 GAP，未能推荐新的农药最大残留限量

（续）

序号	农药中文名	农药英文名	法典农药编号	主要评估内容
17	环溴虫酰胺	cyclaniliprole	296	开展了残留评估，推荐了其在杏仁等植物源农产品和蛋等动物源农产品中的41项农药最大残留限量
18	甲氧苯碇菌酮	pyriofenone	310	开展了残留评估，推荐了其在哺乳动物脂肪（乳脂除外）、奶等动物源农产品中的8项农药最大残留限量
19	精吡氟禾草灵	fluazifop - p - butyl	283	开展了残留评估，推荐了其在藤蔓浆果亚组、草莓等植物源农产品中的7项农药最大残留限量
20	喹螨醚	fenazaquin	297	开展了残留评估，推荐了其在树生坚果类（椰子除外）等植物源农产品和可食用内脏（哺乳动物）等动物源农产品中的7项农药最大残留限量
21	联苯菊酯	bifenthrin	178	开展了残留评估，推荐了其在草莓和谷物秸秆（干）中的2项农药最大残留限量
22	螺虫乙酯	spirotetramat	234	开展了残留评估，推荐了其在胡萝卜、草莓等植物源农产品中的5项农药最大残留限量
23	氯虫苯甲酰胺	chlorantraniliprole	230	开展了残留评估，推荐了其在干豆类亚组、干豌豆类亚组等植物源农产品中的4项农药最大残留限量
24	氯氰菊酯	cypermethrin	118	开展了残留评估，推荐了其在人参等植物源农产品中的3项农药最大残留限量

（续）

序号	农药中文名	农药英文名	法典农药编号	主要评估内容
25	麦草畏	dicamba	240	开展了毒理学评估和残留评估，推荐了其在玉米等植物源农产品和玉米秸秆（干）等饲料中的 11 项农药最大残留限量
26	醚菌酯	kresoxim‐methyl	199	开展了残留评估，推荐了其在仁果类水果和仁果类水果（日本柿除外）中的 2 项农药最大残留限量
27	嘧菌环胺	cyprodinil	207	开展了毒理学评估和残留评估，推荐了其在大豆（干）中的 1 项农药最大残留限量
28	嘧菌酯	azoxystrobin	229	开展了残留评估，推荐了其在番石榴中的 1 项农药最大残留限量
29	氰氟虫腙	metaflumizone	236	开展了毒理学评估和残留评估，推荐了其在咖啡豆等植物源农产品和可食用内脏（哺乳动物）等动物源农产品中的 20 项农药最大残留限量
30	噻菌灵	thiabendazole	65	开展了毒理学评估和残留评估，推荐了其在具荚豆类、芒果等植物源农产品中的 8 项农药最大残留限量
31	噻嗪酮	buprofezin	173	开展了毒理学评估和残留评估，推荐了其在树生坚果类等植物源农产品和蛋等动物源农产品中的 11 项农药最大残留限量
32	三乙膦酸铝	fosetyl‐Al	302	开展了残留评估，推荐了其在咖啡豆等植物源农产品和蛋等动物源农产品中的 12 项农药最大残留限量

（续）

序号	农药中文名	农药英文名	法典农药编号	主要评估内容
33	戊唑醇	tebuconazole	189	开展了残留评估，推荐了其在干制柑橘果肉、柑橘亚组（包括类似柑橘的杂交品种）等植物源农产品中的 4 项农药最大残留限量
34	烯虫酯	methoprene	147	开展了残留评估，推荐了其在花生（整果）中的 1 项农药最大残留限量
35	硝磺草酮	mesotrione	277	开展了毒理学评估和残留评估，推荐了其在柑橘类水果、仁果类水果等植物源农产品中的 5 项农药最大残留限量
36	乙草胺	acetochlor	280	开展了毒理学评估和残留评估，推荐了其在大豆（干）等植物源农产品、可食用内脏（哺乳动物）等动物源农产品和苜蓿饲料等饲料中的 5 项农药最大残留限量
37	唑虫酰胺	tolfenpyrad	269	开展了毒理学评估和残留评估，推荐了其在番茄亚组等植物源农产品和奶等动物源农产品中的 19 项农药最大残留限量

四、JMPR 对 CCPR 特别关注化合物的回应

2018 年 CCPR 第 50 次会议上对 JMPR 推荐的 8 种农药限量标准提出了特别关注，2019 年 JMPR 对这些关注给予了回应，分别为噻嗪酮、除虫脲、氟唑菌酰胺、异菌脲、异丙噻菌胺、啶氧菌酯、丙环唑和吡唑醚菌酯，相关研究进展见表 3-4-1。

表 3-4-1　特别关注化合物的相关研究进展

序号	农药中文名	农药英文名	法典农药编号	主要评估内容
1	吡唑醚菌酯	pyraclostrobin	210	JMPR 重新审查了菠菜的残留数据，2018 年 JMPR 将残留数据 0.091 mg/kg 误写为 0.91 mg/kg。JMPR 根据更正后的数据，重新推荐了菠菜中的 MRL、STMR 和 HR。JMPR 根据美国提供的 GAP，撤销根类蔬菜亚组的相关限量标准，新建立根类蔬菜亚组（除糖用甜菜根外）的相关限量标准
2	丙环唑	propiconazole	160	根据新提供的 GAP 和 2018 年 JMPR 制定的新规则，对于采后用药，样品中残留分布均匀，应使用"均值+4SD"方法估算 MRL。JMPR 使用新的计算方法对丙环唑进行了重新评估
3	除虫脲	diflubenzuron	130	针对除虫脲的植物代谢物 4-氯苯胺，由于缺少毒理学数据未能进行评估
4	啶氧菌酯	picoxystrobin	258	欧盟提出啶氧菌酯及其代谢物的毒理学问题，JMPR 经评估后认为啶氧菌酯不大可能具有遗传毒性且其代谢物也不具有遗传毒性，及其对内分泌干扰物的风险评估政策不一致。因此，啶氧菌酯的膳食暴露不大可能引起公共健康关注
5	氟唑菌酰胺	fluxapyroxad	256	JMPR 根据柑橘类水果代表性商品的数据重新对氟唑菌酰胺进行了残留评估，取消了柑橘类水果亚组限量，新推荐了柠檬和酸橙亚组（包括圆佛手柑）、柑橘亚组（包括类似柑橘的杂交品种）、橙亚组（甜、酸，包括类似橙子的杂交品种）和柚子和葡萄柚亚组（包括文旦柚之类的杂交品种）4 个亚组的 MRL、STMR 和 HR

（续）

序号	农药中文名	农药英文名	法典农药编号	主要评估内容
6	噻嗪酮	buprofezin	173	JMPR 根据毒理学数据对噻嗪酮的代谢物苯胺进行了毒理学评估和膳食暴露评估，认为因使用噻嗪酮产生的苯胺残留不会引起公共健康关注
7	异丙噻菌胺	isofetamid	290	欧盟提出灌木浆果亚组的 MRL 应该为 4 mg/kg，干豆类亚组（大豆除外）的 MRL 应该为 0.09 mg/kg，干豌豆亚组的 MRL 应该为 0.09 mg/kg，JMPR 根据残留数据重新推荐了异丙噻菌胺在灌木浆果亚组、干豆类亚组（大豆除外）和干豌豆亚组的残留限量标准
8	异菌脲	iprodione	111	JMPR 在 1995 年推荐异菌脲残留限量标准时没有考虑急性膳食风险，欧盟对此提出关注。鉴于本次会议未收到新的毒理学数据，且相关数据已有 24 年未更新，JMPR 建议把异菌脲优先作为周期性再评估化合物

五、CCPR 审议结果

乐果（27）、氧乐果（55）

CCPR（简称委员会）注意到由于基因毒性的问题，2019 年 JMPR 无法就其在植物源和动物源产品中的残留定义得出结论。有成员指出根据 JMPR 报告，乐果不太可能对人构成致癌风险，仅有氧乐果的诱变潜力需要更多的数据支撑。生产商表示可以获得更多的毒理学数据并将其提交给 JMPR。委员会同意按照 4 年规则保留所有的 CXLs，等待 JMPR 对新数据的评估结果。

噻菌灵（65）

委员会同意将所有拟议的 MRLs 草案推进至第 5/8 步，并根据 2019 年 JMPR 的建议撤销了芒果相关的 CXL。

多菌灵（72）

委员会注意到欧盟、挪威和瑞士在苯菌灵（69）、多菌灵（72）和甲基硫菌灵（77）正在进行的评估结束之前对香料籽亚组的拟议 MRLs 提出保留意见。欧盟向委员会提交了关于苯菌灵、多菌灵和甲基硫菌灵的关注列表，其正在重新评估多菌灵和甲基硫菌灵的毒理学特性和 MRLs。委员会同意按照 2019 年 JMPR 的建议，将香料籽亚组中拟议的 MRLs 推进至第 5/8 步。

百菌清（81）

委员会注意到欧盟、挪威和瑞士对拟议的蔓越莓 MRL 提出保留意见，因为它们无法排除消费者可能接触到的代谢物残留的遗传毒性问题，且欧盟尚未建立代谢物 SDS - 3701 的毒理学参考值。英国向委员会提交了关于加工过程中形成的代谢产物 R613636 的慢性暴露超过通用阈值的关注列表，同时还指出这一代谢物没有对除蔓越莓外的其他已经建立 CXLs 的作物进行评估，而且没有进行急性暴露评估。Croplife 称有数据用以完善 JMPR 暴露评估，JMPR 秘书处确认这些数据将会在 9 月的 JMPR 会议上审议。另一位观察员表达了与英国相似的关注。委员会同意将蔓越莓 MRL 保留在第 4 步，等待 2021 年 JMPR 重新评估。

亚胺硫磷（103）

委员会注意到在讨论关于 IESTI 方程的议程项目 11 时，澳大利亚曾表示食品法典委员会数据库中列出的柚子中的亚胺硫磷含量（10 mg/kg）不正确，其应为 3 mg/kg。委员会同意修改相应的数据库。

异菌脲（111）

委员会注意到欧盟提交的关于异菌脲残留超过欧盟 ADI 和 ARfD 的残留安全性的关注列表。JMPR 秘书处告知委员会其无法访问欧盟评估异菌脲的毒理学数据库，并强烈建议优先对异菌脲进行定期重新评估。委员会注意到异菌脲已被列入 2022 年定期重新评估清单之中。

氯氰菊酯（包括 α-氯氰菊酯和 ζ-氯氰菊酯）（118）

委员会注意到欧盟、挪威和瑞士在欧盟正在进行的定期重新评估结束之前，对拟议的人参（干，包括红参）MRL 草案持保留意见。委员会同意按照 2019 年 JMPR 的建议，将所拟议的 MRLs 草案推进至第 5/8 步。

除虫脲（130）

针对欧盟关于植物代谢物（4-氯苯胺）的担忧，JMPR 秘书处指出根据 JECFA 重新评估所得出的结论，该代谢物不会产生重大的健康问题，但不同来源的暴露可能需要关注。

烯虫酯（147）

委员会注意到欧盟、挪威和瑞士对拟议的花生（整果）中的 MRL 草案持保留意见，因为现有的 MRL 对欧盟消费者存在慢性风险，且目前缺乏收获后处理的代谢行为以及加工产品中残留物的性质和残留量的相关研究。委员会同意按照 2019 年 JMPR 的建议，将拟议的花生（整果）MRL 草案推进至第 5/8 步。

草甘膦（158）

委员会注意到由于欧盟正在对草甘膦进行定期重新评估，欧盟、挪威和瑞士对拟议的干豆亚组（大豆除外）、干豌豆亚组的 MRLs 草案持保留意见。NHF 观察员原则上不同意对该化合物设立 MRLs，因为其认为该化合物是一种内分泌干扰物，当与其他制剂结合使用时，其毒性增加了数千倍，并且尚未评估其累积效应/毒性。Croplife 观察员告知委员会其认为世界各地的监管机构会定期评估草甘膦及其制品的安全性。而世界上没有监管机构将其列为内分泌干扰物。欧盟重新评估草案中概述的最新结论表明，草甘膦不符合欧盟的内分泌干扰物标准。委员会根据 2019 年 JMPR 的建议，同意将拟议的干豆亚组（大豆除外）、干豌豆亚组的 MRLs 草案推进至第 5/8 步，并随后撤销相关的 CXLs。

丙环唑（160）

JMPR 秘书处告知委员会，应第 51 届委员会的要求，根据

"平均值＋4SD"而非"3*平均值"计算，提出了一项新的桃亚组（包括杏和油桃）(Po)* 的 MRL 推荐。委员会注意到欧盟、挪威和瑞士由于几种代谢物的潜在遗传毒性和毒理学问题以及数据缺口，欧盟消费者的风险评估尚未完成，而对拟议的桃亚组（包括杏和油桃）的 MRL 持保留意见。欧盟已提交了一份关注列表。此外，在一项对于桃的指示性风险评估中确定了对于欧盟消费者的急性风险，而且残留试验的数量不足。委员会同意根据 2019 年 JMPR 的建议，推进拟议的桃亚组（包括杏和油桃）(Po) 的 MRL 草案，并随后撤销桃的 CXL 以及先前的 MRLs。

噻嗪酮（173）

JMPR 秘书处告知委员会，为了回应欧盟提交的关注列表，2019 年 JMPR 评估了苯胺的新数据并确定了毒理学参考值。2019 年 JMPR 得出结论，加工产品中的苯胺暴露不是公共卫生问题。委员会注意到由于加工过程中商品的噻嗪酮残留物可能形成苯胺，因此欧盟、挪威和瑞士对拟议的树生坚果类、蛋、哺乳动物脂肪（乳脂除外）、家禽脂肪、家禽肉和可食用内脏（家禽）的 MRLs 草案持保留意见。欧盟指出，JMPR 评估的新的数据中包括欧盟尚未评估的一项新的体内遗传毒性研究。另一位观察员对消费者接触噻嗪酮及其代谢残留物的情况表示了相似的担忧。委员会同意根据 2019 年 JMPR 的建议，将所有拟议的 MRLs 草案推进至第 5/8 步，并随后撤销了相关的 CXLs。

联苯菊酯（178）

委员会注意到 2019 年 JMPR 的结论，即草莓中的联苯菊酯残留所引起的急性膳食暴露可能会引起公众健康关注。对于草莓，委员会同意撤销其 CXL，撤回目前在第 4 步的 MRL 草案，在第 4 步保留 3 mg/kg 的 MRL 草案，并等待关于替代 GAP 或其他可用信息的建议。对于芹菜和莴苣，委员会同意将拟议的 MRLs 在第 4 步保留 1 年，并等待关于额外数据或替代 GAP 信息的建议，以解

　＊　Po 指 MRL 推荐用于采收后处理。

决 2015 年 JMPR 发现的急性摄入问题。对于秋葵，委员会同意撤回 MRL 草案，这是因为提交给 JMPR 的试验数量不足，并且根据申请方的确认，没有额外的数据支持，也没有新的 GAP。委员会同意 2019 年 JMPR 的建议，撤销大麦和大麦秸秆（干）的 CXL，并将拟议的谷物秸秆（干）MRL 草案推进至第 5/8 步，且注释该 MRL 不包含大麦秸秆（干）。

烯草酮（187）

委员会指出，2019 年 JMPR 未能就动植物商品膳食摄入风险评估的残留物定义得出结论。生产商告知委员会将向 JMPR 提供关于烯草酮代谢物的额外毒理学数据。委员会同意根据 4 年规则保留所有的 CXLs，并等待 JMPR 的重新评估。

戊唑醇（189）

委员会注意到欧盟、挪威和瑞士在欧盟正在进行的对戊唑醇的定期重新评估结果完成之前，对拟议的 MRLs 草案持保留意见。委员会同意根据 2019 年 JMPR 的建议，将所有拟议的 MRLs 草案推进至第 5/8 步。

甲基立枯磷（191）

委员会注意到欧盟、挪威和瑞士对拟议的马铃薯 MRL 草案持保留意见，因为甲基立枯磷可能对欧盟消费者存在急性健康风险。委员会同意根据 2019 年 JMPR 的建议，将所有拟议的 MRLs 草案推进至第 5/8 步，并随后撤销相关的 CXLs。

醚菌酯（199）

委员会同意按照 2019 年 JMPR 的建议，将拟议的仁果类水果（日本柿除外）的 MRL 草案推进至第 5/8 步，并撤销相关的 CXL。一位观察员不支持推进这一 MRL 草案，因为其认为该化合物是致癌物，通过吸入或皮肤接触将构成职业风险。但委员会认为职业健康问题不属于委员会以及食品法典委员会的职权范围。

吡丙醚（200）

委员会同意根据 2019 年 JMPR 的建议，将拟议的芒果 MRL 草案推进至第 5/8 步。

嘧菌环胺（207）

委员会注意到欧盟、挪威和瑞士对大豆（干）拟议的 MRL 草案的评议意见，尽管试验偏离 GAP 不止一个参数，但仍然使用了比例法。NHF 观察员表达了对嘧菌环胺致癌性的担忧。JMPR 秘书处告知委员会，新的毒理学数据已经进行了评估，JMPR 得出结论，不需要修改现有的 ADI 和 ARfD。任何支持这一致癌性担忧的新数据都应提交给 JMPR 进行科学评估。委员会同意根据 2019 年 JMPR 的建议，将拟议的大豆（干）MRL 草案推进至第 5/8 步。

吡唑醚菌酯（210）

委员会指出，应第 51 届委员会的要求，2019 年 JMPR 审查了菠菜的数据和美国根类蔬菜亚组的 GAP 数据，并为这些商品提出了新的 MRLs。委员会同意按照 2019 年 JMPR 的建议，将拟议的根类蔬菜亚组（除糖用甜菜根）及菠菜的 MRLs 推进至第 5/8 步，并撤销了相关的 CXLs 和 MRLs。

啶酰菌胺（221）

委员会注意到欧盟、挪威和瑞士对拟议的仁果类水果 MRL 持保留意见，因为根据 OECD 计算器计算得到的 MRL 更低。委员会同意按照 2019 年 JMPR 的建议，将所有拟议的 MRLs 草案推进至第 5/8 步，并随后撤销相关的 CXLs。

嘧菌酯（229）

委员会同意根据 2019 年 JMPR 的建议，将拟议的番石榴 MRL 草案推进至第 5/8 步。

氯虫苯甲酰胺（230）

委员会注意到欧盟关于棕榈油（粗制）的评议意见，其认为棕榈油（粗制）是主要作物的再加工产品，因此所做的残留试验不足以得出其推荐 MRL。对于棕榈果及其加工产品需要进一步讨论。委员会同意根据 2019 年 JMPR 的建议，将所有拟议的 MRLs 推进至第 5/8 步。

螺虫乙酯（234）

委员会同意根据 2019 年 JMPR 的建议，将所有拟议的 MRLs 草案推进至第 5/8 步。

氰氟虫腙（236）

委员会注意到欧盟、挪威和瑞士对拟议的葡萄 MRL 持保留意见，因为氰氟虫腙可能对欧盟消费者存在急性健康风险。一位观察员也提出了与之相似的担忧。委员会同意根据 2019 年 JMPR 的建议，将所有拟议的 MRLs 草案推进至第 5/8 步，并随后撤销相关的 CXLs。

麦草畏（240）

委员会注意到欧盟、挪威和瑞士对拟议的棉籽、玉米和大豆（干）的 MRLs 持保留意见，等待欧盟正在进行的定期重新评估的结果。委员会注意到欧盟的评议意见，包括有关豆粕的加工因子；豆粕来自耐麦草畏大豆的试验，而大豆中的 cGAP 指的是常规作物。NHF 的观察员就该化合物在美国的使用提出了问题，并提议撤销 MRLs。澳大利亚和美国认为观察员所提出的问题与食品安全无关。JMPR 秘书处告知委员会，JMPR 已经评估了其他的毒理学数据，2019 年 JMPR 得出结论，无须修订 ARfD 和 ADI。委员会同意根据 2019 年 JMPR 的建议，将所有拟议的 MRLs 推进至第 5/8 步，并随后撤销相关的 CXLs。

啶虫脒（246）

委员会同意根据 2019 年 JMPR 的建议，将拟议的香料籽亚组 MRLs 草案推进至第 5/8 步，并撤销小豆蔻的 CXL。

吡噻菌胺（253）

委员会注意到由于风险评估和外推方法的残留物定义不同，欧盟、挪威和瑞士对所有拟议的 MRLs 草案持保留意见。欧盟提议在 EWG 内讨论从蓝莓到接骨木果和绣球花的外推原则，以修订分类（议题 7）。一位观察员指出，JMPR 在应用外推原则时可以灵活地决定外推组，因为其他组的 MRLs 可能存在类似的情况，这并不意味着修订分类组别或代表性商品表。委员会同意根据 2019 年 JMPR 的建议，将所有拟议的 MRLs 推进至第 5/8 步。

氟吡菌酰胺（256）

JMPR 秘书处告知委员会，针对第 51 届委员会提出的关于氟苯吡菌胺的特别关注，2019 年 JMPR 审查并分析了柑橘类水果中氟苯吡菌胺残留的所有可用数据并最终确认，对于叶面施用，从柠檬和酸橙亚组到柑橘的残留外推是合理的。2019 年 JMPR 报告中包含了详细阐述这一问题的技术文件。委员会指出，欧盟认为从柠檬和酸橙亚组到柑橘的外推不符合商定的外推规则。委员会同意根据 2018 年和 2019 年 JMPR 的建议，将所有拟议的 MRLs 草案推进至第 5/8 步，并随后撤销相关的 MRLs 以及橙亚组（甜、酸）的 CXL。

啶氧菌酯（258）

JMPR 秘书处表示，为了回应欧盟提出的公共健康关注，2019 年 JMPR 得出结论，啶氧菌酯及其 IN-8612 代谢物不太可能具有基因毒性。欧盟特定的数据要求（如内分泌干扰）已被纳入其风险评估的一部分，并且已经得出关于膳食中的啶氧菌酯残留不太可能造成公共健康风险这一结论。委员会注意到欧盟、挪威和瑞士对拟议的咖啡豆、棉籽、可食用内脏（哺乳动物）、哺乳动物脂肪（乳脂除外）、肉（哺乳动物，除海洋哺乳动物）、奶、高粱以及茶叶的 MRLs 持保留意见，因为 EFSA 同行评审中发现了若干健康问题，包括啶氧菌酯及其主要植物代谢物可能的遗传毒性。为了回应欧盟的保留意见，JMPR 秘书处表示，JMPR 和 EFSA 对啶氧菌酯及其代谢物的遗传毒性数据的解释有所差异。委员会同意根据 2019 年 JMPR 的建议，将所有拟议的 MRLs 草案推进至第 5/8 步，并随后撤销相应的 CXLs。

苯并烯氟菌唑（261）

委员会同意根据 2019 年 JMPR 的建议，将拟议的球茎洋葱亚组和甘蔗 MRLs 草案推进至第 5/8 步，随后撤销甘蔗相关的 CXL。

氟噻虫砜（265）

委员会注意到，由于代谢研究不能代表残留试验中观察到的残留行为，欧盟、挪威和瑞士对拟议的 MRLs 持保留意见。欧盟认为，不能排除 MeS 的潜在遗传毒性，需要进一步的遗传毒性测试来跟进体外阳性的结果。针对美国提交的关于用于推荐仁果类水果

（日本柿除外）MRL 的残留数据库以及对柑橘汁 MRL 的需求的关注列表，JMPR 秘书处表示将在 2021 年 JMPR 考虑相关问题。一位观察员表达了与欧盟类似的关注。委员会同意将拟议的苹果汁、干制苹果及仁果类水果（日本柿除外）的 MRLs 草案保留在第 4 步，等待 2021 年 JMPR 的评估，并根据 2019 年 JMPR 的建议，将其他拟议的 MRLs 推进至第 5/8 步。

唑虫酰胺（269）

委员会注意到 2019 年 JMPR 有关番茄亚组和茄子亚组中的唑虫酰胺残留急性膳食暴露可能造成公共健康问题的结论。Croplife 观察员告知委员会，目前没有新的数据以及可用的替代 GAP 信息。委员会注意到欧盟、挪威和瑞士对所有拟议的 MRLs 持保留意见，等待其正在进行的进口容许量需求的研究结果，并且他们已经确定对于柑橘、橙子和辣椒存在的严重的消费风险。委员会同意根据 2019 年 JMPR 的建议，撤销番茄亚组和茄子亚组的拟议 MRLs，并将其他所有拟议的 MRLs 推进至第 5/8 步。

硝磺草酮（277）

委员会同意根据 2019 年 JMPR 的建议，将所有拟议的 MRLs 推进至第 5/8 步。

乙草胺（280）

委员会注意到由于对乙草胺的评估残留定义不同，欧盟、挪威和瑞士对拟议的大豆（干）和可食用内脏（哺乳动物）MRLs 持保留意见。委员会同意根据 2019 年 JMPR 的建议，将所有拟议的 MRLs 推进至第 5/8 步，并随后撤销相关的 CXLs。

氟啶虫酰胺（282）

委员会注意到由于对氟啶虫酰胺的残留定义不同，欧盟、挪威和瑞士对拟议的 MRLs 持保留意见。对于橙亚组（甜酸，包括类似橙子的杂交品种），其已经确定了严重的消费风险。委员会同意根据 2019 年 JMPR 的建议，将所有拟议的 MRLs 推进至第 5/8 步。

精吡氟禾草灵（283）

委员会注意到欧盟、挪威和瑞士对接骨木果（蓝莓外推）和草莓（确定了急性和慢性膳食风险）的拟议 MRLs 持保留意见。委员会同意根据 2019 年 JMPR 的建议，将所有拟议的 MRLs 推进至第 5/8 步，并随后撤销了相关的 CXLs。

氟吡呋喃酮（285）

委员会同意根据 2019 年 JMPR 的建议，将所有拟议的 MRLs 推进至第 5/8 步。

异丙噻菌胺（290）

JMPR 秘书处称，为了回应欧盟提交的关注列表，2019 年 JMPR 重新评估了灌木浆果亚组和干豆类亚组（大豆除外）的数据，并提出了新的建议。委员会同意根据 2019 年 JMPR 的建议，将所有拟议的 MRLs 推进至第 5/8 步，并随后撤销相关的 MRLs。

二甲戊灵（292）

委员会同意根据 2019 年 JMPR 的建议，将所有拟议的 MRLs 推进至第 5/8 步。

环溴虫酰胺（296）

委员会注意到欧盟、挪威和瑞士对所有拟议的 MRLs 持保留意见，因为环溴虫酰胺的消费者风险没有最终确定，并且无法就几种代谢物的遗传毒性和一般毒性得出结论，对于十字花科叶类蔬菜亚组，其试验次数也不足以推荐 MRL。鉴于欧盟指出的数据缺口，观察员支持将 MRLs 保留在第 4 步。JMPR 秘书处回应欧盟关于十字花科叶类蔬菜亚组数据缺口的问题，称这一 MRL 推荐基于 5 项残留试验，而需求的数量为 4 项试验。委员会同意根据 2019 年 JMPR 的建议，将所有拟议的 MRLs 推进至第 5/8 步，并随后撤销相关的 MRLs。

喹螨醚（297）

委员会同意根据 2019 年 JMPR 的建议，将所有拟议的 MRLs 推进至第 5/8 步。

三乙磷酸铝（302）

委员会注意到由于残留试验数量不足，欧盟、挪威和瑞士对拟议的咖啡豆 MRL 持保留意见。委员会同意根据 2019 年 JMPR 的建议，将所有拟议的 MRLs 草案推进至第 5/8 步，并随后撤销哺乳动物脂肪（乳脂除外）的现有 CXL 0.2 mg/kg，修订为 0.3 mg/kg。

二甲醚菌胺（307）

委员会注意到由于对二甲嘧菌胺进行风险评估的残留物定义不同，欧盟、挪威和瑞士对拟议的油菜籽 MRL 持保留意见。委员会同意根据 2019 年 JMPR 的建议，将所有拟议的 MRLs 推进至第 5/8 步。

氟唑菌酰羟胺（309）

委员会注意到 2019 年 JMPR 关于氟唑菌酰羟胺在绿叶蔬菜亚组中的急性膳食暴露可能引起公共卫生问题的结论。Croplife 观察员告知委员会，目前没有新的数据或替代 GAP 信息。委员会注意到，欧盟、挪威和瑞士在欧盟正在进行的审批程序结束之前对所有拟议的 MRLs 持保留意见，同时已经确定叶柄茎亚组的膳食摄入问题。委员会同意根据 2019 年 JMPR 的建议，撤销绿叶蔬菜亚组的拟议 MRL，并将其他拟议的 MRLs 推进至第 5/8 步。

甲氧苯碇菌酮（310）

委员会同意根据 2019 年 JMPR 的建议，将所有拟议的 MRLs 推进至第 5/8 步。

双丙环虫酯（312）

委员会指出，美国提交的关于双丙环虫酯的关注列表在本届会议期间被撤回，因为 JMPR 同意审查他们的膳食摄入量评估，以考虑在计算母体加 M4401007 残留量之和时使用的比例因子并考虑对奶类提出较低 MRL 的可行性。委员会注意到欧盟、挪威和瑞士对所有拟议的 MRLs 持保留意见，因为对代谢物的评估、对消费者严重的风险问题（十字花科叶菜亚组）以及代表性作物的选择（草药）等问题尚未解决。针对韩国提出的问题，JMPR 秘书处称由于美国的仁果类水果亚组的 MRL 要求柿除外，因此建议 MRL 适用于除柿以外的仁果类水果。韩国对将柿等小作物排除在 MRLs 建议之外表示关注。委员会同意根据 2019 年 JMPR 的建议，将所有拟议的 MRLs 推进至第 5/8 步。

叶菌唑（313）

委员会指出，针对美国提交的关注列表，JMPR 同意重新考虑支持小麦谷物的 MRL 的可用数据。委员会注意到欧盟、挪威和瑞士在欧盟正在进行的定期重新评估结果完成之前，对所有拟议的 MRLs 持保留意见。欧盟告知委员会其认为桃亚组的拟议 MRL 应该更低（根据 OECD 计算器），按照欧盟的政策残留试验的数量不足以支持李亚组的 MRL。欧盟还指出对于樱桃亚组、向日葵籽亚组和甜菜，JMPR 考虑的残留试验数量少于欧盟对相同产品的进口容忍度需求。欧盟认为 JMPR 的建议应该基于尽可能全面的数据集。委员会同意根据 2019 年 JMPR 的建议，将所有拟议的 MRLs 推进至第 5/8 步。

氟螨唑（314）

委员会注意到 2019 年 JMPR 关于氟螨唑在苹果和茶叶中的残留急性膳食暴露可能造成的公共健康问题。Croplife 观察员告知委员会，在接下来的 12 个月内新的毒理学数据将可以提供给 JMPR 用以评估。委员会同意将拟议的苹果和茶叶中的 MRLs 保留在第 4 步，等待 JMPR 的重新评估。

哒草特（315）

委员会注意到 2019 年 JMPR 确定哒草特的 ADI 为 0～0.2 mg/kg（以体重计），ARfD 为 2 mg/kg（以体重计），这些与欧盟得出的毒理学参考值不同。

七氟吡蚜酮（316）

委员会指出，2019 年 JMPR 无法对动物源产品的膳食风险评估确定残留定义。针对 Croplife 观察员关于能否为茶叶（非动物饲料商品）推荐 MRL 的问题，JMPR 秘书处表示在没有完成膳食残留定义的情况下，2019 年 JMPR 没有推荐任何的 MRL。

杀虫脲（317）

委员会指出，2019 年 JMPR 无法对植物源和动物源商品的膳食风险评估确定残留定义，新的毒理学数据（遗传毒性）将在

2021 年 JMPR 重新评估。

缬菌胺（318）

委员会同意根据 2019 年 JMPR 的建议，将所有拟议的 MRLs 推进至第 5/8 步。

第四章　2019 年首次评估农药残留限量标准制定进展

2019 年 FAO/WHO 农药残留联席会议首次评估了 8 种新农药，分别为双丙环虫酯、二甲醚菌胺、叶菌唑、氟螨唑、哒草特、七氟吡蚜酮、杀铃脲和缬菌胺，相关研究结果如下。

一、双丙环虫酯（afidopyropen，312）

双丙环虫酯是一种新型丙烯类杀虫剂，CAS 号为 915972-17-7，能够通过干扰昆虫弦音器的功能，导致昆虫对重力、平衡、声音、位置和运动等失去感应，使昆虫耳聋、丧失协调和方向感，进而昆虫无法取食进水，最终饥饿而死。双丙环虫酯已在中国等多个国家登记。2018 年 CCPR 第 50 届年会决定将双丙环虫酯作为新化合物评估，2019 年 JMPR 开展了毒理学和残留评估。

1. 毒理学评估

在犬和兔的 1 年发育毒性研究中，两者的 NOAEL 均为每日 8 mg/kg（以体重计），以此为基础，JMPR 制定双丙环虫酯的 ADI 为 0～0.08 mg/kg（以体重计），安全系数为 100。LOAEL 的毒性效应包括犬每日 16 mg/kg（以体重计）剂量下大脑白质的空泡化，兔每日 16 mg/kg（以体重计）剂量下性别比的改变（雄性动物比例高）、吸收胎增加。与大鼠子宫肿瘤的安全边界为 540。

在兔的发育毒性研究中，基于每日 32 mg/kg（以体重计）剂量下的早期吸收胎增加，得到的 NOAEL 为每日 16 mg/kg（以体重计）。以此为基础，JMPR 制定的育龄妇女的 ARfD 为 0.2 mg/kg（以体重计），安全系数为 100。在犬的毒性研究（90 d）中，每日 60 mg/kg（以体重计）剂量下首日呕吐量增加，据此 JMPR 制定的一般人群的 ARfD 为 0.3 mg/kg（以体重计），安全系数为 100。

双丙环虫酯相关毒理学研究见表 4-1-1。

表 4-1-1　双丙环虫酯毒理学风险评估数据

物种	试验项目	效应	NOAEL/[mg/(kg·d)]（以体重计）	LOAEL/[mg/(kg·d)]（以体重计）
小鼠	90 d 经口毒性试验[a]	毒性	69	285
	18 个月致癌性试验[a]	毒性	76	333
		致癌性	333[b]	—
大鼠	90 d 经口毒性试验[a]	毒性	18	61
	1 年毒性试验[a]	毒性	15	48
	2 年毒性和致癌性试验[a]	毒性	13	43
		致癌性	13	43
	两代生殖毒性试验[a,c]	生殖毒性	22	75
		亲代毒性	8.4	41
		子代毒性	8.4[d]	41
	发育毒性试验[c,d]	母体毒性	30	100
		胚胎和胎儿毒性	—	50
兔	发育毒性试验[d]	母体毒性	16	32
		胚胎和胎儿毒性	8	16
犬	90 d 毒性试验[e]	毒性	15	30
	1 年毒性试验[e]	毒性	8	20
代谢物 M440I007 小鼠	13 周毒性试验[a]	毒性	—	708[f]
代谢物 CPCA 小鼠	13 周毒性试验[a]	毒性	10	30

[a] 膳食给药；[b] 最大试验剂量；[c] 两项试验结合；[d]：灌胃给药；[e] 胶囊给药；[f] 低剂量限量检查。

2. 残留物定义

双丙环虫酯在植物源、动物源食品中的监测残留定义均为双丙环虫酯。

双丙环虫酯在植物源食品中的评估残留定义为双丙环虫酯与{(3R,6R,6aR,12S,12bR)-3-[(环丙烷羰基）氧基]-6,12-二羟基-4,6a,12b-三甲基-11-氧代-9-(吡啶-3-基)-1,3,4,4a,5,6,6a,12,12a,12b-十氢-2H,11H-萘（2,1-b）吡喃并（3,4-e）吡喃-4-基}甲基外消旋-环丙烷羧酸盐二聚体之和,以双丙环虫酯表示。

双丙环虫酯在除肝脏以外的动物源食品中的评估残留定义为双丙环虫酯、(3S,4R,4aR,6S,6aS,12R,12aS,12bS)-3,6,12-三羟基-4-(羟甲基)-4,6a,12b-三甲基-9-(吡啶-3-基)-1,3,4,4a,5,6,6a,12,12a,12b-十氢-2H,11H-苯并-(f) 吡喃（4,3-b）苯并吡喃-11-酮（M001）、环丙烷羧酸（CPCA/M061）和（2R)-3-羧基-2-[(环丙基碳酸基）氧基]-N,N,N-三甲基丙烷-1-氯化铵（CPCA-肉碱共轭物/M060）之和,以双丙环虫酯表示。

双丙环虫酯在动物源食品肝脏中的评估残留定义为双丙环虫酯、(3S,4R,4aR,6S,6aS,12R,12aS,12bS)-3,6,12-三羟基-4-(羟甲基)-4,6a,12b-三甲基-9-(吡啶-3-基)-1,3,4,4a,5,6,6a,12,12a,12b-十氢-2H,11H-苯并-(f) 吡喃（4,3-b）苯并吡喃-11-酮（M001）、环丙烷羧酸（CPCA/M061）、（2R)-3-羧基-2-[(环丙基碳酸基）氧基]-N,N,N-三甲基丙烷-1-氯化铵（CPCA-肉碱共轭物/M060）和［(3S,4R,4aR,6S,6aS,12R,12aS,12bS)-3-(环丙基羰基）氧基]-6,12-二羟基-4,6a,12b-三甲基-9-(1-氧化吡啶-3-yl)-11-羰基-1,3,4,4a,5,6,6a,12,12a,12b-十氢-2H,11H-苯并（f) 吡喃酮（4,3-b）苯并吡喃-4-基]环丙烷甲酸甲酯之和,以双丙环虫酯表示。

3. 标准制定进展

JMPR共推荐了双丙环虫酯在杏仁壳、可食用内脏（哺乳动物）等植物源食品中的40项农药最大残留限量。该农药在我国登记作物包括番茄、甘蓝、黄瓜、辣椒、棉花、苹果、小麦共计 7 种作物，我国未制定相关残留限量标准。

双丙环虫酯相关限量标准及登记情况见表 4-1-2。

表 4-1-2 双丙环虫酯相关限量标准及登记情况

序号	食品类别/名称		JMPR 推荐残留限量标准/（mg/kg）	GB 2763—2021 残留限量标准/（mg/kg）	我国登记情况
1	杏仁壳	Almond hulls	0.6（dw）	无	无
2	干制苹果（去皮）	Dried apple（peeled）	0.02	无	无
3	结球甘蓝	Cabbages, head	0.5	无	甘蓝
4	樱桃亚组	Subgroup of cherries	0.03	无	无
5	柑橘类水果	Group of citrus fruit	0.15	无	无
6	柑橘油	Citrus oil	0.7	无	无
7	柑橘渣（干）	Citrus pulp, dry	0.4	无	无
8	芫荽叶	Coriander, leaves	5	无	无
9	棉花渣	Cotton gin trash	1.5	无	无
10	棉籽	Cotton seed	0.08	无	棉花
11	黄瓜	Cucumber	0.7	无	黄瓜
12	莳萝叶	Dill, leaves	5	无	无
13	可食用内脏（哺乳动物）	Edible offal（mammalian）	0.2	无	无
14	蛋	Eggs	0.01*	无	无
15	茄子亚组	Subgroup of eggplants	0.15	无	无
16	芸薹属头状花序蔬菜亚组	Subgroup of flower-head, Brassica	0.4	无	无

（续）

序号	食品类别/名称		JMPR 推荐残留限量标准/（mg/kg）	GB 2763—2021 残留限量标准/（mg/kg）	我国登记情况
17	葫芦科果菜类蔬菜亚组——甜瓜、南瓜和笋瓜	Subgroup of fruiting vegetables, Cucurbits-melons, pumpkins and winter squashes	0.05	无	无
18	生姜根茎（鲜）	Ginger, rhizome (fresh)	0.01*	无	无
19	绿叶蔬菜亚组	Subgroup of leafy greens	2	无	无
20	十字花科叶菜亚组	Subgroup of leaves of Brassicaceae	5	无	无
21	哺乳动物脂肪（乳脂除外）	Mammalian fats (except milk fats)	0.01*	无	无
22	肉（哺乳动物，除海洋哺乳动物）	Meat (from mammals other than marine mammals)	0.01*	无	无
23	奶	Milks	0.001*	无	无
24	欧芹叶	Parsley, leaves	5	无	无
25	桃亚组（包括油桃和杏）	Subgroup of peaches (including nectarines and apricots)	0.015	无	无
26	辣椒亚组（秋葵、角胡麻和玫瑰茄除外）	Subgroup of peppers (excluding okra, martynia and roselle)	0.1	无	辣椒
27	红辣椒（干）	Peppers, chili, dried	1	无	辣椒

（续）

序号	食品类别/名称		JMPR 推荐残留限量标准/（mg/kg）	GB 2763—2021 残留限量标准/（mg/kg）	我国登记情况
28	仁果类水果（柿除外）	Group of pome fruit (excluding persimmon)	0.03	无	苹果
29	李亚组（包括新鲜李）	Subgroup of plums (including fresh plums)	0.01*	无	无
30	可食用内脏（家禽）	Edible offal (poultry)	0.01*	无	无
31	家禽脂肪	Poultry fats	0.01*	无	无
32	家禽肉	Poultry meat	0.01*	无	无
33	大豆（干）	Soya bean (dry)	0.01*	无	无
34	叶柄茎亚组	Subgroup of stems and petioles	3	无	无
35	西葫芦	Summer squash	0.07	无	无
36	番茄亚组	Subgroup of tomatoes	0.15	无	番茄
37	干制番茄	Dried tomatoes	0.7	无	番茄
38	树生坚果类	Group of tree nuts	0.01*	无	无
39	块球茎类蔬菜亚组	Subgroup of tuberous and corm vegetables	0.01*	无	无
40	姜黄根（鲜）	Turmeric root (fresh)	0.01*	无	无

* 方法定量限；dw：以干重计。

双丙环虫酯在我国已登记于番茄、甘蓝、黄瓜、辣椒、棉花、苹果，但未制定相关限量。JMPR 此次推荐了结球甘蓝 MRL 为 0.5 mg/kg、棉籽 MRL 为 0.08 mg/kg、黄瓜 MRL 为 0.7 mg/kg、辣椒亚组（秋葵、角胡麻和玫瑰茄除外）MRL 为 0.1 mg/kg、红辣椒（干）MRL 为 1 mg/kg、仁果类水果（柿除外）MRL 为 0.03 mg/kg、番茄亚组 MRL 为 0.15 mg/kg 及干制番茄 MRL 为 0.7 mg/kg，为我国制定相关限量提供了参考。

4. 膳食摄入风险评估结果

（1）长期膳食暴露评估：双丙环虫酯的 ADI 为 0~0.08 mg/kg（以体重计）。JMPR 根据 STMR 或 STMR-P 评估了双丙环虫酯在 17 簇 GEMS/食品膳食消费类别的 IEDIs。IEDIs 在最大允许摄入量的 0%~4% 之间，基于本次评估的双丙环虫酯使用范围，JMPR 认为其残留长期膳食暴露不大可能引起公共健康关注。

（2）急性膳食暴露评估：双丙环虫酯针对育龄妇女的 ARfD 为 0.2 mg/kg（以体重计），针对成人和儿童的 ARfD 为 0.3 mg/kg（以体重计）。JMPR 根据本次评估的 HRs/HR-Ps 或者 STMRs/STMR-Ps 数据和现有的食品消费数据，计算了 IESTIs。对于育龄妇女 IESTIs 在 ARfD 的 0%~80% 之间，对于儿童在 0%~100% 之间，对于成人在 0%~50% 之间。基于本次评估的双丙环虫酯使用范围，JMPR 认为其残留急性膳食暴露不大可能引起公共健康关注。

二、二甲醚菌胺（mandestrobin，307）

二甲醚菌胺是一种新型甲氧基丙烯酸酯类杀菌剂，CAS 号为 173662-97-0，通过干扰敏感真菌病原体线粒体内膜上的复合物 Ⅲ（细胞色素 bc1 复合物）Qo 位点的功能来抑制线粒体呼吸作用。二甲醚菌胺作为一种广谱性杀菌剂，主要用于防治油菜和其他油料作物、玉米、葡萄、豆类蔬菜、草莓和其他矮生浆果及草坪的多种真菌病害，并已在多个国家登记。加拿大在 WTO/TBT-SPS 官方评议通报中涉及过该农药。2018 年 CCPR 第 50 届年会决定将二甲醚菌胺作为新化合物评估，2019 年 JMPR 将其作为新化合物进行残留评估。

1. 毒理学评估

JMPR 制定的二甲醚菌胺的 ADI 为 0～0.2 mg/kg（以体重计），制定的育龄妇女 ARfD 为 3 mg/kg（以体重计），2018 年 JMPR 决定无须制定其他人群的 ARfD。

针对二甲醚菌胺的毒理学方面研究，2019 年 JMPR 未有涉及。

2. 残留物定义

二甲醚菌胺在植物源、动物源食品中的监测残留定义及在植物源食品中的评估残留定义均为二甲醚菌胺。

二甲醚菌胺在动物源食品中的急性膳食评估残留定义为二甲醚菌胺、（2RS）-2-[2-（4-羟基-2,5-二甲基苯氧基甲基）苯基]-2-甲氧基-N-甲基乙酰胺（4-羟基-二甲醚菌胺）、（2RS）-2-（2-羟甲基苯基）-2-甲氧基-N-甲基乙酰胺（De-XY-二甲醚菌胺）、（2RS）-2-[2-（2-羟甲基-5-甲基苯氧基甲基）苯基]-2-甲氧基-N-甲基乙酰胺（2-亚甲基-羟基-二甲醚菌胺）、2-（{2-[（1RS）-1-甲氧基-2-（甲基氨基）-2-氧代乙基]苄基}氧基）-4-甲基苯甲酸（2-羧基-二甲醚菌胺）、3-（{2-[（1RS）-1-甲氧基-2-（甲基氨基）-2-氧乙基]苄基}氧基）-4-甲基苯甲酸（5-羧基-二甲醚菌胺）及其轭合物之和，以二甲醚菌胺表示。

二甲醚菌胺在动物源食品中的长期膳食评估残留定义为二甲醚菌胺、（2RS）-2-[2-（4-羟基-2,5-二甲基苯氧基甲基）苯基]-2-甲氧基-N-甲基乙酰胺（4-羟基-二甲醚菌胺）及其轭合物之和，以二甲醚菌胺表示。

3. 标准制定进展

JMPR 共推荐了二甲醚菌胺在葡萄、哺乳动物脂肪（乳脂除外）等动植物源食品中的 12 项农药最大残留限量。

二甲醚菌胺相关限量标准及登记情况见表 4-2-1。

表 4 - 2 - 1　二甲醚菌胺相关限量标准及登记情况

序号	食品类别/名称		JMPR 推荐残留限量标准/（mg/kg）	GB 2763—2021 残留限量标准/（mg/kg）	我国登记情况
1	葡萄	Grapes	5	无	无
2	干制葡萄	Dried grapes（＝currents，raisins and sultanas）	10	无	无
3	哺乳动物脂肪（乳脂除外）	Mammalian fats（except milk fats）	0.01*	无	无
4	奶	Milks	0.01*	无	无
5	肉（哺乳动物，除海洋哺乳动物）	Meat（from mammals other than marine mammals）	0.01*	无	无
6	可食用内脏（哺乳动物）	Edible offal（mammalian）	0.01*	无	无
7	蛋	Eggs	0.01*	无	无
8	家禽脂肪	Poultry fats	0.01*	无	无
9	家禽肉	Poultry meat	0.01*	无	无
10	可食用内脏（家禽）	Edible offal（poultry）	0.01*	无	无
11	草莓	Strawberries	3	无	无
12	油菜籽	Rape seed	0.2	无	无

＊方法定量限。

该农药在我国尚未登记，且未制定相关残留限量标准。

4. 膳食摄入风险评估结果

（1）长期膳食暴露评估：二甲醚菌胺的 ADI 为 0～0.2 mg/kg（以体重计）。JMPR 根据 STMR 或 STMR - P 评估了二甲醚菌胺在 17 簇 GEMS/食品膳食消费类别的 IEDIs。IEDIs 在最大允许摄入量的 0%～2%之间。基于本次评估的二甲醚菌胺使用范围，JMPR 认为其残留长期膳食暴露不大可能引起公共健康关注。

（2）急性膳食暴露评估：二甲醚菌胺针对育龄妇女的 ARfD 为 3 mg/kg（以体重计）。JMPR 根据本次评估的 HRs/HR‐Ps 或者 STMRs/STMR‐Ps 数据和现有的食品消费数据，计算了 IESTIs。对于育龄妇女 IESTIs 在 ARfD 的 0%～4%之间。基于本次评估的二甲醚菌胺使用范围，JMPR 认为其残留急性膳食暴露不大可能引起公共健康关注。

三、叶菌唑（metconazole，313）

叶菌唑，CAS 号为 125116‐23‐6，是一种通过抑制 P450 甾醇 14α‐去甲基化酶（CYP51）发挥作用的三唑类杀菌剂，由两种异构体组成（顺式占 85%，反式占 15%），两种异构体都有杀菌活性。JMPR 于 2019 年首次对该农药进行了毒理学和残留评估。

1. 毒理学评估

在兔的发育毒性研究中，基于每日 10 mg/kg（以体重计）剂量下脑积水发病率增加，得到的胚胎和胎儿 NOAEL 为每日 4 mg/kg（以体重计）。以此为基础，JMPR 采用安全系数为 100 制定叶菌唑的 ADI 为 0～0.04 mg/kg（以体重计）。ADI 的上限值与兔脑积水概率增加的安全边界为 250。这一 ADI 被其他几项研究（90 d 小鼠、18 个月小鼠、2 年大鼠）得到的 NOAELs 所验证。

在与 ADI 相同的基础下，JMPR 制定的育龄妇女的 ARfD 为 0.04 mg/kg（以体重计）。一般人群也需要一个基于 LD_{50} 研究的 ARfD。但在缺乏详细数据的情况下，JMPR 无法建立一个针对特定人群的 ARfD，因此，将育龄妇女的 ARfD［0.04 mg/kg（以体重计）］作为一个保守值。

叶菌唑相关毒理学研究见表 4‐3‐1。

表 4-3-1 叶菌唑相关毒理学风险评估数据

物种	试验项目	效应	NOAEL/[mg/(kg·d)]（以体重计）	LOAEL/[mg/(kg·d)]（以体重计）
顺反异构体混合物				
小鼠	90 d 毒性试验ᵃ	毒性	4.6	50.5
小鼠	22 个月毒性和致癌性试验ᵃ	毒性	4.4	43.6
小鼠	22 个月毒性和致癌性试验ᵃ	致癌性	4.5	43.6
大鼠	90 d 毒性试验ᵃ	毒性	4.4	19.2
大鼠	2 年慢性毒性和致癌性试验ᵃ	毒性	4.6	13.8
大鼠	2 年慢性毒性和致癌性试验ᵃ	致癌性	46.5ᵇ	—
大鼠	两代生殖毒性试验ᵃ	生殖毒性	6.3	32.9
大鼠	两代生殖毒性试验ᵃ	亲代毒性	6.3	32.9
大鼠	两代生殖毒性试验ᵃ	子代毒性	6.4	33.5
大鼠	发育毒性试验ᶜ	母体毒性	12	30
大鼠	发育毒性试验ᶜ	胚胎和胎儿毒性	12	30
兔	发育毒性试验ᶜ	母体毒性	10	—
兔	发育毒性试验ᶜ	胚胎和胎儿毒性	4	10
犬	90 d 和 1 年毒性试验ᵃ·ᵈ	毒性	10	24.3
顺式异构体（单独）				
大鼠	两代生殖毒性试验ᵃ·ᵈ	生殖毒性	8	32
大鼠	两代生殖毒性试验ᵃ·ᵈ	亲代毒性	8	32
大鼠	两代生殖毒性试验ᵃ·ᵈ	子代毒性	8	32
兔	发育毒性试验ᶜ	母体毒性	4	10
兔	发育毒性试验ᶜ	胚胎和胎儿毒性	4	10

ᵃ 膳食给药；ᵇ 最大试验剂量；ᶜ 灌胃给药；ᵈ 两项或多项研究结合。

2. 残留物定义

叶菌唑在植物源、动物源食品中的监测定义均为叶菌唑（顺式和反式异构体之和）。

叶菌唑在植物源食品中的风险评估定义为叶菌唑（顺式和反式异构体之和）。

叶菌唑在动物源食品中的风险评估定义为叶菌唑母体（顺式和反式异构体）和代谢物（1SR,2SR,5RS）-5-（4-氯代苄基）-2-（羟甲基）-2-甲基-1-（1H-1,2,4-三唑-1-基甲基）环戊醇（游离和共轭态 M1）与（1SR,2SR,3RS）-3-（4-氯代苄基）-2-羟基-1-甲基-1-（1H-1,2,4-三唑-1-基甲基）环戊酸（游离和共轭态 M12）之和，以叶菌唑表示。

3. 标准制定进展

JMPR 共推荐了叶菌唑在香蕉、奶等动植物源食品中的 40 项农药最大残留限量。该农药在我国登记作物仅包括小麦 1 个作物。我国制定了该农药在小麦中的残留限量标准为 0.1 mg/kg。

叶菌唑相关限量标准及登记情况见表 4-3-2。

表 4-3-2　叶菌唑相关限量标准及登记情况

序号	食品类别/名称		JMPR 推荐残留限量标准/（mg/kg）	GB 2763—2021 残留限量标准/（mg/kg）	我国登记情况
1	香蕉	Banana	0.1*	无	无
2	蓝莓	Blueberries	0.5	无	无
3	菜豆属具荚豆类（未成熟豆荚和多汁种子）	Beans with pods (*Phaseolus* spp.), immature pods and succulent seeds	0.05*	无	无
4	棉籽	Cotton seed	0.3	无	无
5	可食用内脏（哺乳动物）	Edible offal (mammalian)	0.04*	无	无
6	蛋	Eggs	0.04*	无	无
7	大蒜	Garlic	0.05*	无	无

（续）

序号	食品类别/名称		JMPR 推荐残留限量标准/（mg/kg）	GB 2763—2021 残留限量标准/（mg/kg）	我国登记情况
8	木本坚果组	Group of tree nuts	0.04*	无	无
9	玉米	Maize	0.015	无	无
10	哺乳动物脂肪（乳脂除外）	Mammalian fats (except milk fats)	0.04*	无	无
11	肉（哺乳动物，除海洋哺乳动物）	Meat (from mammals other than marine mammals)	0.04*	无	无
12	奶	Milks	0.04*	无	无
13	球茎洋葱	Onion，bulb	0.05*	无	无
14	花生	Peanut	0.04*	无	无
15	可食用内脏（家禽）	Edible offal (poultry)	0.04*	无	无
16	家禽脂肪	Poultry fats	0.04*	无	无
17	家禽肉	Poultry meat	0.04*	无	无
18	油菜籽	Rape seed	0.15	无	无
19	樱桃亚组	Subgroup of cherries	0.3	无	无
20	干豆亚组（大豆除外）	Subgroup of dry beans (except soya beans)	0.04*	无	无
21	干豌豆亚组	Subgroup of dry peas	0.15	无	无
22	桃亚组	Subgroup of peaches	0.2	无	无
23	李亚组	Subgroup of plums	0.1	无	无
24	向日葵籽亚组	Subgroup of sunflower seeds	1.5	无	无

（续）

序号	食品类别/名称		JMPR 推荐残留限量标准/（mg/kg）	GB 2763—2021 残留限量标准/（mg/kg）	我国登记情况
25	块球茎类蔬菜亚组	Subgroup of tuberous and corm vegetables	0.04*	无	无
26	甜菜	Sugar beet	0.07	无	无
27	大豆（干）	Soya bean（dry）	0.04	无	无
28	甘蔗	Sugar cane	0.06	无	无
29	甜玉米（谷粒和玉米棒）	Sweet corn（corn on the cob）	0.015	无	无
30	西梅干	Dried prunes	0.5	无	无
31	可食用菜籽油	Rape seed oil，edible	0.5	无	无
32	可食用花生油	Peanut oil，edible	0.06	无	无
33	大豆干草	Soya bean hay	8（dw）	无	无
34	大麦秸秆（干）	Barley straw and fodder，dry	25（dw）	无	无
35	燕麦秸秆（干）	Oat straw and fodder，dry	25（dw）	无	无
36	黑麦秸秆（干）	Rye straw and fodder，dry	25（dw）	无	无
37	小黑麦秸秆（干）	Triticale straw and fodder，dry	25（dw）	无	无
38	小麦秸秆（干）	Wheat straw and fodder，dry	25（dw）	0.1（小麦）	小麦
39	棉花渣	Cotton gin trash	10（dw）	无	无
40	玉米饲料（干）	Maize fodder（dry）	7（dw）	无	无

* 方法定量限；dw：以干重计。

叶菌唑在我国已登记于小麦，拟新建的小麦秸秆（干）饲料中的 MRL 为 25 mg/kg（以干重计），宽松于我国制定的小麦 MRL 0.1 mg/kg。

4. 膳食摄入风险评估结果

（1）长期暴露风险评估：叶菌唑的 ADI 为 0～0.04 mg/kg（以体重计）。JMPR 根据 STMR 或者 STMR－P 评估了 17 簇 GEMS/食品膳食消费类别的 IEDIs，IEDIs 在最大允许摄入量的 0%～2% 之间。基于本次评估的叶菌唑使用范围，JMPR 认为其残留长期膳食暴露不大可能引起公共健康关注。

（2）急性暴露风险评估：叶菌唑的 ARfD 为 0.04 mg/kg（以体重计），JMPR 根据本次评估的 HRs/HR－Ps 或者 STMRs/STMR－Ps 数据和现有的食品消费数据，计算了 IESTIs。对于儿童 IESTIs 在 ARfD 的 0%～20% 之间，对于成人在 0%～10% 之间。基于本次评估的叶菌唑使用范围，JMPR 认为其残留急性膳食暴露不大可能引起公共健康关注。

四、氟螨唑（pyflubumide，314）

氟螨唑是一种新型杀螨剂，CAS 号为 926914－55－8，IUPAC 通用名为 3′-异丁基- N -异丁酰基- 1,3,5 -三甲基- 4′-[2,2,2 -三氟- 1 -甲氧基- 1 -(三氟甲基) 乙基]- 1H -吡唑- 4 -甲酰苯胺，其代谢物能够对害螨线粒体复合物产生抑制作用。氟螨唑对包括对常规杀螨剂具有抗性的叶螨种群在内的植食性螨虫具有很高的防治效果，并已在多个国家登记。2019 年 JMPR 对该化合物进行了首次评估。

1. 毒理学评估

JMPR 根据大鼠的 2 年毒性和致癌性试验中肝脏、心脏和肾上腺的相关发现所得到的 NOAEL 为每日 0.7 mg/kg（以体重计），制定的氟螨唑的 ADI 为 0～0.007 mg/kg（以体重计），采用的安全系数为 100。此结果也得到大鼠两代研究中的亲代和子代 NOAEL［每日 0.8 mg/kg（以体重计）］和犬 1 年毒性研究中的 NOAEL［每日

1.1 mg/kg（以体重计）〕的验证。这一 ADI 的上限与肝腺瘤和血管肉瘤的 LOAEL 的安全边界为 25 000。

在大鼠的两代研究中，肺部病变作为急性效应的显现所得到的每日 0.8 mg/kg（以体重计）的子代 NOAEL，据此 JMPR 制定的 ARfD 为 0.008 mg/kg（以体重计），安全系数为 100。

JMPR 制定的氟螨唑的 ADI 和 ARfD 同样适用于其代谢物氟螨唑 - NH 和氟螨唑 - RfOH。

氟螨唑相关毒理学研究见表 4 - 4 - 1。

表 4 - 4 - 1　氟螨唑相关毒理学风险评估数据

物种	试验项目	效应	NOAEL/[mg/(kg·d)]（以体重计）	LOAEL/[mg/(kg·d)]（以体重计）
小鼠	90 d 毒性试验	毒性	51	505
	18 个月慢性毒性和致癌性研究[a]	毒性	43	176
		致癌性	43	176
大鼠	急性神经毒性试验[b]	神经毒性	2 000	—
		毒性	—	500
	90 d 毒性试验	毒性	1.2	12
	1 年慢性毒性试验[a]	毒性	0.9	5.1
	2 年毒性和致癌性试验[a]	毒性	0.7	4.5
		致癌性	23[c]	—
	两代生殖毒性试验[a]	生殖毒性	5.3	26
		亲代毒性	0.8	5.3
		子代毒性	0.8	5.3
	发育毒性试验[b]	母体毒性	30	200
		胚胎和胎儿毒性	30	200
兔	发育毒性试验[b]	母体毒性	20	80
		胚胎和胎儿毒性	80[c]	—

(续)

物种	试验项目	效应	NOAEL/[mg/ (kg·d)] (以体重计)	LOAEL/[mg/ (kg·d)] (以体重计)
犬	13周毒性试验[a]	毒性	9.1	77
	1年毒性试验[a]	毒性	1.1	8.0

[a] 膳食给药；[b] 灌胃给药；[c] 最大试验剂量。

2. 残留物定义

氟螨唑在植物源食品中的监测残留定义为氟螨唑。

氟螨唑在动物源食品中的评估残留定义为氟螨唑与3′-异丁基-1,3,5-三甲基-4′-[2,2,2-三氟-1-甲氧基-1-(三氟甲基）乙基]吡唑-4-羧酰苯胺之和，以氟螨唑表示。

3. 标准制定进展

JMPR共推荐了氟螨唑在苹果和茶叶中的2项农药最大残留限量。

氟螨唑相关限量标准及登记情况见表4-4-2。

表4-4-2 氟螨唑相关限量标准及登记情况

序号	食品类别/名称		JMPR推荐残留限量标准/ (mg/kg)	GB 2763—2021残留限量标准/ (mg/kg)	我国登记情况
1	苹果	Apple	1	无	无
2	茶叶	Tea, green, black (black, fermented and dried)	80	无	无

氟螨唑在我国尚未登记，也未制定相关残留限量标准。

4. 膳食摄入风险评估结果

（1）长期膳食暴露评估：氟螨唑的ADI为0～0.007 mg/kg（以体重计）。JMPR根据STMR或者STMR-P评估了17簇

GEMS/食品膳食消费类别的 IEDIs。IEDIs 在最大允许摄入量的 3％～20％之间。基于本次评估的氟螨唑使用范围，JMPR 认为其残留长期膳食暴露不大可能引起公共健康关注。

（2）急性膳食暴露评估：氟螨唑的 ARfD 为 0.008 mg/kg（以体重计），JMPR 根据本次评估的 HRs/HR‐Ps 或者 STMRs/ST-MR‐Ps 数据和现有的食品消费数据，计算了 IESTIs。对于儿童，计算的 IESTIs 在 ARfD 的 1％～390％之间，对于普通人群则在 1％～230％之间。对于未加工的苹果，普通人群的 IESTIs 为 ARfD 的 160％，儿童的则为 390％；而对于茶叶，普通人群的 IESTIs 为 ARfD 的 230％，儿童的则为 160％，而且对苹果和茶叶都没有可以替代的 GAPs。根据提供的资料，JMPR 认为因苹果和茶叶中氟螨唑的消费而产生的急性膳食风险可能会引起公众健康关注，但是苹果加工产品及茶叶浸泡制品中的氟螨唑残留的急性膳食风险不太可能引起公众健康关注。

五、哒草特（pyridate，315）

哒草特是一种选择性除草剂，CAS 号为 55512‐33‐9，作用机理是抑制杂草光合作用系统 Ⅱ 电子传输过程。哒草特可用于苗后或一年生抗性杂草及阔叶杂草防治，已在多个国家登记。2018 年 CCPR 第 50 届年会决定将哒草特作为新化合物评估，2019 年 JMPR 开展了毒理学评估。

1. 毒理学评估

在大鼠 2 年研究中，基于 2 500 mg/kg［相当于每日 125 mg/kg（以体重计）］时，雌雄体重均受影响，且雌性红细胞参数发生变化，得到的 NOAEL 为 400 mg/kg［相当于每日 20 mg/kg（以体重计）］。以此为基础，JMPR 制定哒草特的 ADI 为 0～0.2 mg/kg（以体重计），安全系数为 100。

在大鼠急性神经毒性研究中，基于 500 mg/kg（以体重计）时出现临床症状和致死，得到的 NOAEL 为 177 mg/kg（以体重计）。

以此为基础，JMPR 制定哒草特的 ARfD 为 2 mg/kg（以体重计）。在大鼠发育研究中，每日 165 mg/kg（以体重计）的首次剂量下观察到不良反应，得到了基于死亡率而设定的母体 NOAEL，据此验证了上述 ARfD，安全系数为 100。由于人的食物暴露不太可能导致肾脏排泄饱和，因此没有必要使用更高的安全系数。

哒草特相关毒理学研究见表 4-5-1。

表 4-5-1　哒草特相关毒理学风险评估数据

物种	试验项目	效应	NOAEL/[mg/(kg·d)]（以体重计）	LOAEL/[mg/(kg·d)]（以体重计）
小鼠	18 个月毒性和致癌性试验[a]	毒性	98	204
		致癌性	204	—
大鼠	28 d 毒性试验[a]	毒性	100	300
	90 d 毒性试验[b]	毒性	62.5	177
	2 年毒性和致癌性试验[a]	毒性	20	125
		致癌性	125[c]	—
	多代生殖试验[a]	生殖毒性	165[c]	—
		亲代毒性	26	125
		子代毒性	26	125
	发育毒性试验[b]	母体毒性	165	400
		胚胎和胎儿毒性	165	400
	急性神经毒性试验[b]	毒性	177	500
兔	发育毒性试验[b]	母体毒性	300	600
		胚胎和胎儿毒性	300	600
犬	90 d 毒性试验[d]	毒性	20	60

[a] 膳食给药；[b] 灌胃给药；[c] 最大试验剂量；[d] 胶囊给药。

2. 残留物定义

JMPR 未制定其在动植物源食品中的评估及监测残留定义。

3. 标准制定进展

JMPR 未推荐哒草特的最大残留限量。该农药在我国尚未登记，且未制定相关残留限量标准。

4. 膳食摄入风险评估结果

针对哒草特长期和急性膳食暴露评估方面，2019 年 JMPR 均未有涉及。

六、七氟吡蚜酮（pyrifluquinazon，316）

七氟吡蚜酮是一种新型广谱性杀虫剂，CAS 号为 337458 - 27 - 2，通过作用于害虫弦音器上的瞬时受体电位香草酸（TRPV）通道复合体，促使害虫停止取食从而改变害虫摄食行为。七氟吡蚜酮可用于李、马铃薯、坚果和茶等作物上刺吸式和吮吸式害虫的防控，并已在多个国家登记。2018 年 CCPR 第 50 届年会决定将七氟吡蚜酮作为新化合物评估，2019 年 JMPR 开展了毒理学和残留评估。

1. 毒理学评估

在两项犬的 1 年研究中，基于在每日 1.5 mg/kg（以体重计）剂量下雌雄犬嗅觉上皮固有腔均呈轻微到中度单核细胞浸润，得到的 NOAEL 为每日 0.5 mg/kg（以体重计）。以此为基础，JMPR 制定七氟吡蚜酮的 ADI 为 0～0.005 mg/kg（以体重计），安全系数为 100。这一 ADI 的上限与小鼠睾丸中观察到间质细胞肿瘤的 LOAEL 的安全边界为 24 000；与大鼠睾丸中观察到间质细胞肿瘤的 LOAEL 的安全边界为 2 800。

在大鼠急性神经毒性研究中，基于 300 mg/kg（以体重计）剂量下出现发病状况、临床症状、体重减轻，及感觉运动反应、协调性、自主神经过程和运动活动改变，得到的 NOAEL 为 100 mg/kg（以体重计）。以此为基础，JMPR 制定七氟吡蚜酮的 ARfD 为 1 mg/kg（以体重计），安全系数为 100。该结果通过 LD_{50} 研究及安全药理学研究得以证实。

ADI 和 ARfD 也适用于代谢物 Ⅳ-01 和 Ⅳ-203，以七氟吡蚜酮表示。

七氟吡蚜酮相关的毒理学研究见表 4-6-1。

表 4-6-1 七氟吡蚜酮相关毒理学风险评估数据

物种	试验项目	效应	NOAEL/[mg/(kg·d)]（以体重计）	LOAEL/[mg/(kg·d)]（以体重计）
小鼠	13 周毒性试验[a]	毒性	7.6	102
	18 个月毒性和致癌性试验[a]	毒性	6.3	27
		致癌性	27	122
大鼠	13 周毒性试验[a]	毒性	29	155
	2 年毒性和致癌性试验[a]	毒性	3.5	13
		致癌性	3.5	13
	两代生殖毒性试验[a]	生殖毒性	2.3[b]	11[b]
		亲代毒性	2.4[b]	12[b]
		子代毒性	2.3[b]	10[b]
	发育毒性试验[b]	母体毒性	10	50
		胚胎和胎儿毒性	5	10
	急性神经毒性试验[b]	神经毒性	100	300
	急性安全药理学试验[b]	神经毒性	50	500
	13 周神经毒性试验[a]	毒性	11	53
		神经毒性	47[c]	—
兔	发育毒性试验[b]	母体毒性	20[c]	—
		胚胎和胎儿毒性	20[c]	—
犬	1 年毒性试验[d,e]	毒性	0.5	1.5

[a] 膳食给药；[b] 灌胃给药；[c] 最大试验剂量；[d] 胶囊给药；[e] 两项或多项试验结合。

2. 残留物定义

七氟吡蚜酮在植物源食品中的监测与评估残留定义均为七氟吡

蚜酮与 1,2,3,4-四氢-3-[（3-吡啶基甲基）氨基]-6-[1,2,2,2-四氟-1-（三氟甲基）乙基]喹唑啉-2-酮（IV-01）之和，以七氟吡蚜酮表示。

七氟吡蚜酮在动物组织中的监测残留定义为 1,2,3,4-四氢-3-[（3-吡啶基甲基）氨基]-6-[1,2,2,2-四氟-1-（三氟甲基）乙基]喹唑啉-2-酮（IV-01）、1,2,3,4-四氢-6-[1,2,2,2-四氟-1-（三氟甲基）乙基]喹唑啉-2,4-二酮（IV-203）及其轭合物之和，以七氟吡蚜酮表示。

七氟吡蚜酮在奶中的监测残留定义为 1,2,3,4-四氢-3-[3-（1-氧-吡啶基亚甲基）氨基]-6-[1,2,2,2-四氟-1-（三氟甲基）乙基]喹唑啉-2-酮（IV-04），以七氟吡蚜酮表示。

未制定七氟吡蚜酮在动物源食品中的评估残留定义。

3. 标准制定进展

JMPR 未推荐七氟吡蚜酮的最大残留限量。该农药在我国尚未登记，且未制定相关残留限量标准。

4. 膳食摄入风险评估结果

JMPR 认为七氟吡蚜酮代谢物 IV-03、IV-04 和 IV-15 的毒理学相关性无法得出结论，因此未开展七氟吡蚜酮的长期和急性膳食暴露评估。

七、杀铃脲（triflumuron，317）

杀铃脲是一种苯甲酰脲类杀虫剂，CAS 号为 64628-44-0，能够通过抑制昆虫几丁质合成酶的活性，阻碍几丁质合成，即阻碍新表皮的形成，使昆虫的蜕皮化蛹受阻，活动减缓，取食减少，最终导致昆虫死亡。杀铃脲可以用于大豆、甘蔗、玉米、棉花、果树和蔬菜等多种作物，并已在多个国家登记。我国已制定杀铃脲的限量标准。2019 年 JMPR 对其进行了毒理学和残留评估。

1. 毒理学评估

在大鼠的 2 年致癌性研究中，基于每日 8.45 mg/kg（以体重计）的 LOAEL 下的血液学效应和脾脏重量增加，得到的 NOAEL 为每日 0.82 mg/kg（以体重计）。以此为基础，JMPR 制定的杀铃脲的 ADI 为 0～0.008 mg/kg（以体重计），安全系数为 100。

JMPR 认为，鉴于杀铃脲的急性经口毒性较低，在单次剂量研究中，当剂量达到 500 mg/kg（以体重计）时，没有全身毒性，猫体内没有高铁血红蛋白形成，也没有任何其他毒理学效应，包括单次剂量可能引发的发育毒性，因此没有必要制定杀铃脲的 ARfD。

在单剂量口服（灌胃）毒性研究中，基于 2 mg/kg（以体重计）的 LOAEL 下观察到的给药 1 h 后的临床症状，血液呈巧克力棕色，雌性和雄性的血红蛋白水平较高，雌性的平均绝对网织红细胞数略有增加，以及雌性的绝对和相对脾脏重量增加，雌性脾脏弥漫性髓外造血的严重程度略高（终止），得到的 NOAEL 为 0.5 mg/kg（以体重计）。以此为基础，JMPR 制定的 4-（三氟甲氧基）苯胺（M07）的 ADI 和 ARfD 为 0.02 mg/kg（以体重计）。因为其效应依赖于 C_{max}*，因此安全系数规定为 25。JMPR 认为，该 ADI 和 ARfD 也涵盖代谢物 M08 的毒性。

杀铃脲相关毒理学研究见表 4-7-1。

表 4-7-1　杀铃脲相关毒理学风险评估数据

物种	试验项目	效应	NOAEL/[mg/(kg·d)]（以体重计）	LOAEL/[mg/(kg·d)]（以体重计）
小鼠	2 年毒性和致癌性试验[a]	毒性	5.19	49.0
		致癌性	523	—

* C_{max} 指血毒物浓度峰值。

（续）

物种	试验项目	效应	NOAEL/[mg/(kg·d)]（以体重计）	LOAEL/[mg/(kg·d)]（以体重计）
大鼠	单剂量毒性试验[b]	毒性	500	—
	90 d 毒性试验[c]	毒性	3.6	8.45
	2 年毒性和致癌性试验[a]	毒性	0.82	8.45
		致癌性	86.1[d]	—
	两代毒性和致癌性试验[a]	生殖毒性	132[d]	—
		亲代毒性	132[d]	125
		子代毒性	132[d]	125
	发育毒性试验[b]	母体毒性	—	1 000[e]
		胚胎和胎儿毒性	300	1 000
兔	发育毒性试验[a]	母体毒性	—	1 000[e]
		胚胎和胎儿毒性	300	1 000
犬	13 周和 1 年毒性试验[c,f]	毒性	3.2	7.1
代谢物 M07				
大鼠	单剂量毒性试验	毒性	0.5	2.0

[a] 膳食给药；[b] 灌胃给药；[c] 两项或多项试验结合；[d] 最大试验剂量；[e] 由于在较低剂量下没有进行血液学测量，因此不能确定 NOAEL 对母体的毒性；[f] 胶囊给药。

2. 残留物定义

杀铃脲在动物源、植物源食品中的监测残留定义均为杀铃脲。未制定其在动物源、植物源食品中的评估残留定义。

3. 标准制定进展

JMPR 未推荐杀铃脲的农药最大残留限量。该农药在我国登记作物包括甘蓝、柑橘树、苹果树、杨树共计 4 个作物。我国制定了该农药 5 项残留限量标准。

4. 膳食摄入风险评估结果

针对杀铃脲长期和急性膳食暴露评估方面，2019 年 JMPR 均未有涉及。

八、缬菌胺（valifenalate，318）

缬菌胺是一种羧酰胺类杀菌剂，CAS 号为 283159－90－0，能够抑制纤维素合成酶。缬菌胺可用于防治黄瓜、葡萄、马铃薯和番茄等多种农作物病害，并已在多个国家登记。韩国在 WTO/TBT－SPS 官方评议通报中曾涉及过该农药。JMPR 在 2019 年将其作为新化合物进行毒理学和残留评估。

1. 毒理学评估

在小鼠的 2 年毒理学研究中，基于每日 16.8 mg/kg（以体重计）的 NOAEL，JMPR 制定了缬菌胺的 ADI 为 0～0.2 mg/kg（以体重计）。该结果被小鼠 90 d 毒性研究中设定的每日 15.3 mg/kg（以体重计）的 NOAEL 所验证。安全系数为 100。ADI 上限与在小鼠中发现良性肝肿瘤的 LOAEL 的安全边界为 600。

JMPR 认为，鉴于缬菌胺急性经口毒性较低、没有发育毒性或是单剂量可能引起的任何其他毒理学效应，因此没有必要制定缬菌胺的 ARfD。

缬菌特相关毒理学研究见表 4－8－1。

表 4－8－1 缬菌特相关毒理学风险评估数据

物种	试验项目	效应	NOAEL/[mg/(kg·d)]（以体重计）	LOAEL/[mg/(kg·d)]（以体重计）
小鼠	90 d 毒性试验[a]	毒性	15.3	134
	2 年毒性和致癌性试验[a]	毒性	16.8	97.2
		致癌性	16.8	97.2

（续）

物种	试验项目	效应	NOAEL/[mg/(kg·d)]（以体重计）	LOAEL/[mg/(kg·d)]（以体重计）
大鼠	90 d毒性试验	毒性	150	1 000
	2年毒性和致癌性试验[a]	毒性	150	1 000
		致癌性	1 000	—
	两代毒性和致癌性试验[a]	生殖毒性	986[b]	—
		亲代毒性	986[b]	—
		子代毒性	81	277[b]
	发育毒性试验[a]	母体毒性	1 000[b]	—
		胚胎和胎儿毒性	1 000[b]	—
兔	发育毒性试验[c]	母体毒性	1 000[b]	—
		胚胎和胎儿毒性	1 000[b]	—
犬	90 d毒性试验[d]	毒性	50	250
	1年毒性试验[d]	毒性	50	250

[a] 膳食给药；[b] 最大试验剂量；[c] 灌胃给药；[d] 胶囊给药。

2. 残留物定义

缬菌胺在动物源、植物源食品中的监测残留定义均为缬菌胺。

缬菌胺在植物源食品中的评估残留定义为缬菌胺及 3-(4-氯苯基)-3-{［N-(异丙氧基羰基)-L-戊基］氨基}丙酸（戊酸-酸），游离及共轭态，以缬菌胺表示。

缬菌胺在动物源食品中的评估残留定义为缬菌胺及 3-(4-氯苯基)-3-{［N-(异丙氧基羰基)-L-戊基］氨基}丙酸（戊酸-酸），以缬菌胺表示。

3. 标准制定进展

JMPR 共推荐了缬菌胺在茄子、蛋等动植物源食品中的 13 项农药最大残留限量。该农药在我国登记作物仅包括黄瓜共计 1 个作物。

缬菌胺相关限量标准及登记情况见表 4-8-2。

表 4-8-2 缬菌胺相关限量标准及登记情况

序号	食品类别/名称		JMPR 推荐残留限量标准/(mg/kg)	Codex 现有残留限量标准/(mg/kg)	GB 2763—2021 残留限量标准/(mg/kg)	我国登记情况
1	茄子	Eggplants	0.4	无	无	无
2	葡萄	Grapes	0.3	无	无	无
3	球茎洋葱	Onion, bulb	0.5	无	无	无
4	小洋葱	Shallot	0.5	无	无	无
5	番茄	Tomatoes	0.4	无	无	无
6	可食用内脏（哺乳动物）	Edible offal (mammalian)	0.01*	无	无	无
7	蛋	Eggs	0.01*	无	无	无
8	奶	Milks	0.01*	无	无	无
9	肉（哺乳动物，除海洋哺乳动物）	Meat (from mammals other than marine mammals)	0.01*	无	无	无
10	哺乳动物脂肪（乳脂除外）	Mammalian fats (except milk fats)	0.01*	无	无	无
11	可食用内脏（家禽）	Edible offal (poultry)	0.01*	无	无	无
12	家禽脂肪	Poultry fats	0.01*	无	无	无
13	家禽肉	Poultry meat	0.01*	无	无	无

* 方法定量限。

缬菌胺在我国小麦上有登记产品，我国尚未制定相关残留限量标准。

4. 膳食摄入风险评估结果

（1）长期膳食暴露评估：缬菌胺的 ADI 为 0～0.2 mg/kg（以体重计）。JMPR 根据 STMR 或 STMR－P 评估了缬菌胺在 17 簇 GEMS/食品膳食消费类别的 IEDIs。IEDIs 为最大允许摄入量的 0%。基于本次评估的缬菌胺使用范围，JMPR 认为其残留长期膳食暴露不大可能引起公共健康关注。

（2）急性膳食暴露评估：2019 年 JMPR 认为没有必要制定缬菌胺的 ARfD。基于本次评估的缬菌胺使用范围，JMPR 认为其残留急性膳食暴露不大可能引起公共健康关注。

第五章 周期性再评价农药残留限量标准制定进展

2019 年 FAO/WHO 农药残留联席会议共对 4 种周期性评估农药进行了限量标准再评价，分别为烯草酮、乐果、氧乐果和甲基立枯磷，相关研究结果如下。

一、烯草酮（clethodim，187）

烯草酮（CAS 号为 99129 - 21 - 2）是一种选择性环己烯酮类除草剂，通过抑制乙酰辅酶 A 羧化酶（一种脂肪酸生物合成途径中的常见酶）在植物中表现出除草活性。1994 年 JMPR 首次将该农药作为新化合物进行了毒理学和残留评估。在此之后，1997 年、1999 年及 2002 年 MPR 对其进行了残留评估。2019 年 JMPR 对烯草酮开展了限量标准再评价。

1. 毒理学评估

基于体重增量减少、食物摄入量减少、雄性死亡率略微增加和雌性慢性胰腺炎略微增加等现象，得到的 NOAEL 为每日 16 mg/kg（以体重计）。以此为基础，JMPR 建立烯草酮的 ADI 为 0~0.2 mg/kg（以体重计），安全系数为 100。其上限与大鼠良性卵巢颗粒细胞瘤的安全边界为 565。

JMPR 认为，鉴于烯草酮的急性经口毒性较低，且不存在发育毒性和其他毒理学影响，因此无须制定烯草酮的 ARfD。

烯草酮相关毒理学研究见表 5 - 1 - 1。

表 5-1-1 烯草酮相关毒理学风险评估数据

物种	试验项目	效应	NOAEL/[mg/(kg·d)]（以体重计）	LOAEL/[mg/(kg·d)]（以体重计）
小鼠	4 周毒性试验[a]	毒性	179	476
	18 个月毒性和致癌性试验[a]	毒性	24	119
		致癌性	357[b]	—
大鼠	4 周毒性试验[a]	毒性	65.6	216
	13 周毒性试验[a]	毒性	25	134
	2 年毒性和致癌性试验[a]	毒性	16	86
		致癌性	21	113
	两代生殖毒性试验[a]	生育或繁殖	163[b]	—
		亲代毒性	32.2	163
		子代毒性	163[b]	—
	发育毒性试验[c]	母体毒性	83.3	292
		胎儿毒性	83.3	292
兔	发育毒性试验[c]	母体毒性	20.8	250
		胎儿毒性	250[b]	—
犬	90 d 毒性试验[d]	毒性	62	104
	1 年毒性试验[d]	毒性	62	250
代谢物 RE-47719 大鼠	4 周毒性试验[a]	毒性	70.9	604
	发育毒性试验[c]	母体毒性	10	100
		胎儿毒性	100	700
代谢物 RE-51228 大鼠	4 周毒性试验[a]	毒性	588[b]	—
	发育毒性试验[c]	母体毒性	100	700
		胎儿毒性	700[b]	—
代谢物 M17R 大鼠	4 周毒性试验[a]	毒性	80	396

[a] 膳食给药；[b] 最大试验剂量；[c] 灌胃给药；[d] 胶囊给药。

2. 残留物定义

烯草酮在植物源食品中的监测残留定义为烯草酮及代谢物 3 - [2 - (乙基磺酰基) 丙基] 戊二酸二甲酯（DME）、3 - [2 - (乙基磺酰基) 丙基] - 3 - 羟基戊二酸二甲酯（DME - OH）之和，以烯草酮表示。

烯草酮在动物源食品中的监测残留定义为烯草酮及代谢物 3 - [2 - (乙基磺酰基) 丙基] 戊二酸二甲酯（DME）之和，以烯草酮表示。

未制定其在动物源、植物源食品中的评估残留定义。

3. 标准制定进展

JMPR 共推荐撤销烯草酮在苜蓿饲料、可食用内脏（哺乳动物）等动植物源食品中的 29 项农药最大残留限量。该农药在我国登记范围包括大豆、油菜、红小豆、绿豆、马铃薯、烟草共计 6 种（类）。我国制定了该农药 19 项残留限量标准。

烯草酮相关限量标准及登记情况见表 5 - 1 - 2。

表 5 - 1 - 2　烯草酮相关限量标准及登记情况

序号	食品类别/名称		JMPR 推荐残留限量标准/（mg/kg）	Codex 现有残留限量标准/（mg/kg）	GB 2763 —2021 残留限量标准/（mg/kg）	我国登记情况
1	苜蓿饲料	Alfalfa fodder	W	10	无	无
2	豆类饲料	Beans fodder	W	10	无	红小豆、绿豆
3	干豆	Beans（dry）	W	2	2** （杂粮类）	红小豆、绿豆
4	豆类（蚕豆和大豆除外）	Beans（except broad bean and soya bean）	W	0.5*	0.5 （豆类蔬菜）	红小豆、绿豆

（续）

序号	食品类别/名称		JMPR推荐残留限量标准/（mg/kg）	Codex现有残留限量标准/（mg/kg）	GB 2763—2021残留限量标准/（mg/kg）	我国登记情况
5	棉籽	Cotton seed	W	0.5	0.5**	无
6	棉籽油（毛油）	Cotton seed oil, crude	W	0.5*	0.5**	无
7	可食用棉籽油	Cotton seed oil, edible	W	0.5*	0.5**	无
8	可食用内脏（哺乳动物）	Edible offal (mammalian)	W	0.2*	无	无
9	蛋	Eggs	W	0.05*	无	无
10	干豌豆	Field pea (dry)	W	2	2**（杂粮类）	无
11	甜菜饲料	Fodder beet	W	0.1*	无	无
12	大蒜	Garlic	W	0.5	0.5	无
13	肉（哺乳动物，除海洋哺乳动物）	Meat (from mammals other than marine mammals)	W	0.2*	无	无
14	奶	Milks	W	0.05*	无	无
15	球茎洋葱	Onion, bulb	W	0.5	0.5（洋葱）	无
16	花生	Peanut	W	5	5**	无
17	马铃薯	Potato	W	0.5	0.5	马铃薯
18	家禽肉	Poultry meat	W	0.2*	无	无
19	可食用内脏（家禽）	Edible offal (poultry)	W	0.2*	无	无
20	油菜籽	Rape seed	W	0.5	0.5**	油菜

（续）

序号	食品类别/名称		JMPR 推荐残留限量标准/ (mg/kg)	Codex 现有残留限量标准/ (mg/kg)	GB 2763 —2021 残留限量标准/ (mg/kg)	我国登记情况
21	菜籽油（毛油）	Rape seed oil, crude	W	0.5*	0.5**	油菜
22	可食用菜籽油	Rape seed oil, edible	W	0.5*	0.5**	油菜
23	干大豆	Soya bean (dry)	W	10	0.1**	大豆
24	大豆油（毛油）	Soya bean oil, crude	W	1	1**	大豆
25	大豆油（精炼）	Soya bean oil, refined	W	0.5*	0.5** （大豆油）	大豆
26	甜菜	Sugar beet	W	0.1	0.1	无
27	葵花籽	Sunflower seed	W	0.5	0.5**	无
28	葵花籽（毛油）	Sunflower seed oil, crude	W	0.1*	0.1*	无
29	番茄	Tomato	W	1	1	无

* 方法定量限；** 临时限量；W：撤销限量。

烯草酮在我国已登记于红小豆、绿豆、马铃薯、油菜、大豆，同时 JMPR 此次拟调整其在干豆、豆类（蚕豆和大豆除外）、球茎洋葱、油菜籽、菜籽油（毛油）、可食用菜籽油、干大豆、大豆油（毛油）、大豆油（精炼）、豆类饲料中的 MRL，各项 MRL 均宽松或一致于我国杂粮类、豆类蔬菜、马铃薯、油菜籽、菜籽油（毛油）、可食用菜籽油、干大豆、大豆油（毛油）、大豆油、豆类饲料的 MRL；且由于 JMPR 推荐残留定义与我国基本一致，但推荐 ADI 宽松于我国。

4. 膳食摄入风险评估结果

由于 JMPR 无法就烯草酮代谢产物的毒理学相关性得出结论，因此无法进行长期和急性膳食暴露评估。

二、乐果（dimethoate，27）

乐果，CAS 号为 60‐51‐5（氧乐果，CAS 号为 1113‐02‐6），化学名称 O,O 二甲基‐S‐甲基氨基甲酰甲基二硫代磷酸酯，是一种有机磷酸酯类杀虫杀螨剂。JMPR 于 1963 年、1965 年、1967 年、1984 年、1987 年、1996 年、2003 年对乐果进行了评估。2019 年 JMPR 对乐果进行了再评价。

1. 毒理学评估

在一项旨在评估乐果对妊娠大鼠、断奶前大鼠和幼龄成年大鼠乙酰胆碱酯酶活性影响的专项研究中，基于每日 0.5 mg/kg（以体重计）下对 PND21 雌性幼崽乙酰胆碱酯酶活性的抑制作用，得到的 NOAEL 为每日 0.1 mg/kg（以体重计）。以此为基础，JMPR 撤销了先前乐果的 ADI，并制定了新的 ADI 为 0～0.001 mg/kg（以体重计），安全系数为 100。

在一项急性神经毒性研究和一项对断奶前雌性和成年雌性的专项研究中，基于每日 3 mg/kg（以体重计）的总 LOAEL 下乙酰胆碱酯酶的抑制作用，得到的总 NOAEL 为每日 2 mg/kg（以体重计）。以此为基础，JMPR 重新确定了乐果的 ARfD 为 0.02 mg/kg（以体重计），安全系数为 100。

JMPR 注意到对人体志愿者的研究数据与提议的 ADI 和 ARfD 一致，在此研究中志愿者接收单一或者重复剂量条件下所得到的 NOAEL 为 0.2 mg/kg（以体重计）。

乐果相关毒理学研究见表 5‐2‐1。

表 5-2-1　乐果相关毒理学风险评估表

物种	试验项目	效应	NOAEL/[mg/(kg·d)]（以体重计）	LOAEL/[mg/(kg·d)]（以体重计）
小鼠	78周毒性和致癌性试验[a]	毒性	—	3.6
		致癌性	31.1[b]	—
	三代生殖毒性试验[a,c]	生殖毒性	13.6	—
		亲代毒性	4.1	13.6
		子代毒性	14.4	—
大鼠	4周毒性试验[a,d]	毒性	0.83	2.5
	2年毒性和致癌性试验[a]	毒性	0.31[e]	—
		致癌性	4.8[b]	—
	两代生殖毒性试验[a]	生殖毒性	6.5[b]	—
		亲代毒性	1.0	6.5
		子代毒性	1.0	6.5
	发育毒性试验[d,f]	母体毒性	6	18
		胚胎和胎儿毒性	1	—
	急性神经毒性试验[d,f]	神经毒性	2	3
	91~94 d 神经毒性试验[a,c]	神经毒性	0.06	3.22
	单次或重复剂量后乙酰胆碱酯酶活性试验	单次剂量后断奶及低龄成年大鼠 ChE 活性	0.5	6
		重复剂量后产后 21 d 雌性幼崽 ChE 活性	0.1	0.5
	发育神经毒性[f]	子代神经毒性功能发育	0.5	3
		发育神经毒性	3[b]	—

（续）

物种	试验项目	效应	NOAEL/[mg/(kg·d)]（以体重计）	LOAEL/[mg/(kg·d)]（以体重计）
兔	发育神经毒性试验f	母体毒性	10	20
		胚胎和胎儿毒性	40b	—
犬	28 d、98 d 及 1 年毒性试验a,d	毒性	0.43	0.70

ᵃ 膳食给药；ᵇ. 最大试验剂量；ᶜ. 乙酰胆碱酯酶活性未检测；ᵈ. 两项或多项试验结合；ᵉ以 BMDs 计算 BMDL20。

2. 残留物定义

乐果在动物源、植物源食品中的监测残留定义均为乐果和氧乐果（分别测定和报告）。

未制定其在动物源、植物源食品中的评估残留定义。

3. 标准制定进展

JMPR 共撤销了乐果 34 项农药最大残留限量。该农药在我国登记范围包括甘薯、棉花、水稻、小麦、烟草共计 5 种（类）。我国制定了该农药 74 项残留限量标准。

4. 膳食摄入风险评估结果

WHO 专家建议乐果 ADI 为 0～0.001 mg/kg（以体重计），ARfD 为 0.02 mg/kg（以体重计）。基于氧乐果的遗传毒性的考虑，JMPR 无法推荐其 ADI 和 ARfD。基于氧乐果及其他相关代谢物遗传毒性的考虑，无法对氧乐果膳食风险评估的残留定义做出结论，也无法对其进行长期和急性膳食风险评估。

三、氧乐果（omethoate，55）

关于氧乐果的评估内容，详见第五章第二小节：乐果（dimethoate，27）部分。

四、甲基立枯磷 (tolclofos - methyl，191)

甲基立枯磷 (CAS 号为 915972 - 17 - 7) 主要用于防治马铃薯上的土传真菌病害，同时也可用于莴苣和其他作物。与其他有机磷类杀虫剂不同，甲基立枯磷是一种杀菌剂，其作用机理为抑制磷脂的合成。1994 年 JMPR 首次将该农药作为新化合物进行了毒理学和残留评估。2019 年 JMPR 对甲基立枯磷开展了再评价。

1. 毒理学评估

在一项小鼠的 2 年毒性和致癌性研究中，基于红细胞减少、脑胆碱酯酶活性降低以及肾脏重量的增加，得到的 NOAEL 为每日 6.5 mg/kg (以体重计)。以此为基础，JMPR 重新确定了甲基立枯磷的 ADI 为 0～0.07 mg/kg (以体重计)。

JMPR 认为，鉴于甲基立枯磷的急性经口毒性较低，且不存在发育毒性和任何其他单次给药可能引起的毒理学效应，因此无须制定甲基立枯磷的 ARfD。JMPR 注意到，尽管小鼠在甲基立枯磷暴露 28 周后出现了脑胆碱酯酶活性下降的现象，但是小鼠的经口 LD_{50} 大于 3 500 mg/kg (以体重计)，这表明急性暴露不会造成上述脑胆碱酯酶活性的降低。此外，所报告的毒理学效应 (例如运动能力下降、呼吸困难、呼吸不规律) 并非胆碱能综合征的典型症状，且仅在剂量大于 1 500 mg/kg (以体重计) 时才会有所表现。

甲基立枯磷相关毒理学研究见表 5 - 4 - 1。

表 5 - 4 - 1 甲基立枯磷相关毒理学风险评估数据

物种	试验项目	效应	NOAEL/[mg/(kg · d)] (以体重计)	LOAEL/[mg/(kg · d)] (以体重计)
小鼠	2 年毒性和致癌性试验[a]	毒性	6.5	32
		致癌性	134[b]	—

（续）

物种	试验项目	效应	NOAEL/[mg/(kg·d)]（以体重计）	LOAEL/[mg/(kg·d)]（以体重计）
大鼠	13周毒性试验[a]	毒性	66	653
	2年毒性和致癌性试验[a,c]	毒性	50[b]	—
		致癌性	50[b]	—
	两代生殖毒性试验[a]	生殖毒性	70.6[b]	—
		亲代毒性	70.6[b]	—
		子代毒性	70.6[b]	—
	一代生殖毒性试验[a]	生殖毒性	680[b]	—
		亲代毒性	338	680
		子代毒性	173	338
	发育毒性试验[d]	母体毒性	300	1 000
		胚胎和胎儿毒性	1 000[b]	—
	急性神经毒性试验[d]	毒性[e]	200	700
	亚慢性神经毒性试验[a]	毒性[e]	122	736
	免疫毒性试验[a]	免疫毒性	811[b]	
兔	发育毒性试验[d]	母体毒性	300	1 000
		胚胎和胎儿毒性	3 000[b]	—
犬	26周毒性试验[a]	毒性	21	59
	1年毒性试验[a]	毒性	11	59

[a] 膳食给药；[b] 最大试验剂量；[c] 三项试验结合；[d] 灌胃给药；[e] 一般毒性与神经毒性不相关。

2. 残留物定义

甲基立枯磷在植物源、动物源食品中的监测残留定义均为甲基立枯磷。

甲基立枯磷在植物源食品中的评估残留定义为：甲基立枯磷、2,6-二氯-4-甲基苯酚（ph-CH$_3$，含轭合物）、O,O-二甲基

O-2,6-二氯-4-(羟甲基)苯基硫代磷酸酯（TM-CH₂OH，含轭合物）、O-甲基 O-氢 O-2,6-二氯-4-(羟甲基)苯基硫代磷酸酯（DM-TM-CH₂OH）、O-(2,6-二氯-4-甲基苯基)硫代磷酸 O-甲基 O-氢（DM-TM）之和，以甲基立枯磷表示。

甲基立枯磷在动物源食品中的评估残留定义为甲基立枯磷与3,5-二氯-4-羟基苯甲酸（ph-COOH）之和，以甲基立枯磷表示。

3. 标准制定进展

JMPR 共推荐了甲基立枯磷在马铃薯、可食用内脏（哺乳动物）等动植物源食品中的 13 项农药最大残留限量。该农药在我国登记范围包括棉花、水稻共计 2 种（类）。我国制定了该农药 6 项残留限量标准。

甲基立枯磷相关限量标准及登记情况见表 5-4-2。

表 5-4-2　甲基立枯磷相关限量标准及登记情况

序号	食品类别/名称		JMPR 推荐残留限量标准/(mg/kg)	Codex 现有残留限量标准/(mg/kg)	GB 2763 —2021 残留限量标准/(mg/kg)	我国登记情况
1	结球莴苣	Lettuce, head	W	2	2	无
2	叶用莴苣	Lettuce, leaf	W	2	2	无
3	绿叶蔬菜（菠菜、马齿苋和食用甜菜除外）	Leafy greens, except spinach, purslane and chard	0.7	无	2（结球莴苣、叶用莴苣）	无
4	马铃薯	Potato	0.3	0.2	0.2	无
5	可食用内脏（哺乳动物）	Edible offal (mammalian)	0.01*	无	无	无
6	蛋	Eggs	0.01*	无	无	无

（续）

序号	食品类别/名称		JMPR 推荐残留限量标准/（mg/kg）	Codex 现有残留限量标准/（mg/kg）	GB 2763—2021 残留限量标准/（mg/kg）	我国登记情况
7	哺乳动物脂肪（乳脂除外）	Mammalian fats (except milk fats)	0.01*	无	无	无
8	肉（哺乳动物，除海洋哺乳动物）	Meat (from mammals other than marine mammals)	0.01*	无	无	无
9	奶	Milks	0.01*	无	无	无
10	家禽脂肪	Poultry fats	0.01*	无	无	无
11	家禽肉	Poultry meat	0.01*	无	无	无
12	可食用内脏（家禽）	Edible offal (poultry)	0.01*	无	无	无
13	萝卜	Radish	W	0.1	0.1	无

* 方法定量限；W：撤销限量。

甲基立枯磷在我国登记作物未包括 JMPR 此次评估的作物；同时 JMPR 推荐 ADI 及残留定义与我国一致。

4. 膳食摄入风险评估结果

（1）长期膳食暴露评估：甲基立枯磷的 ADI 为 0～0.07 mg/kg（以体重计）。JMPR 根据 STMR 或 STMR - P 评估了甲基立枯磷在 17 簇 GEMS/食品膳食消费类别的 IEDIs。IEDIs 在最大允许摄入量的 0%～1%之间。基于本次评估的甲基立枯磷使用范围，JMPR 认为其残留长期膳食暴露不大可能引起公共健康关注。

（2）急性膳食暴露评估：2019 年 JMPR 认为没有必要制定甲基立枯磷的 ARfD。基于本次评估的甲基立枯磷使用范围，JMPR 认为其残留急性膳食暴露不大可能引起公共健康关注。

第六章 2019年农药新用途限量标准制定进展

2019年FAO/WHO农药残留联席会议及特别会议共评估了37种新用途评估农药，分别为2,4-滴、啶虫脒、乙草胺、嘧菌酯、苯并烯氟菌唑、联苯菊酯、啶酰菌胺、噻嗪酮、多菌灵、氯虫苯甲酰胺、百菌清、环溴虫酰胺、氯氰菊酯、嘧菌环胺、麦草畏、喹螨醚、氟啶虫酰胺、精吡氟禾草灵、氟噻虫砜、氟吡呋喃酮、三乙膦酸铝、草甘膦、醚菌酯、高效氯氟氰菊酯、硝磺草酮、氰氟虫腙、烯虫酯、二甲戊灵、吡噻菌胺、啶氧菌酯、氟唑菌酰羟胺、甲氧苯碇菌酮、吡丙醚、螺虫乙酯、戊唑醇、噻菌灵和唑虫酰胺，相关研究结果如下。

一、2,4-滴（2,4-D，20）

2,4-滴是一种广泛使用的激素性内吸选择性除草剂。1970年JMPR首次将该农药作为新化合物进行了毒理学和残留评估，此后进行了多次后续评估，被JMPR于2019年列为新增限量标准的农药。

1998年JMPR对2,4-滴进行周期性评估，制定2,4-滴及其盐类和酯类之和的ADI为0～0.01 mg/kg（以体重计），以2,4-滴表示。JMPR认为没有必要建立ARfD。

1. 残留物定义

1998年JMPR建立2,4-滴在植物源、动物源食品中的监测与评估残留定义均为2,4-滴。

2017 年 JMPR 评估了转基因棉花上支持使用 2,4 -滴的数据。由于转基因棉花种子中 2,4 -滴和 2,4 - DCP 的储存稳定性数据存在问题，未推荐 MRL。

2. 标准制定进展

JMPR 未推荐 2,4 -滴的最大残留限量。该农药在我国登记范围包括非耕地、柑橘园、水稻移栽田、小麦田共计 4 种（类），我国制定了该农药 28 项残留限量标准。

3. 膳食摄入风险评估结果

由于 JMPR 无法就 AAD - 12 棉花的膳食风险评估中的残留物定义得出结论，因此未推荐 MRL，也未开展膳食摄入风险评估。

二、啶虫脒（acetamiprid，246）

关于啶虫脒的评估内容，详见第六章第九小节：多菌灵（carbendazim，72）部分。

三、乙草胺（acetochlor，280）

乙草胺是一种广泛使用的除草剂。2015 年 JMPR 首次将该农药作为新化合物进行了毒理学和残留评估。2019 年 JMPR 对乙草胺进行了新用途评估。

JMPR 制定的乙草胺的 ADI 为 0～0.01 mg/kg（以体重计），ARfD 为 1 mg/kg（以体重计）。

1. 残留物定义

乙草胺在动物源、植物源食品中的监测与评估残留定义均为 2-乙基-6-甲基苯胺（EMA）与 2 -（1 -羟乙基）- 6 -甲基苯胺（HEMA）的化合物之和，以乙草胺表示。

2. 标准制定进展

JMPR 共推荐了乙草胺在苜蓿饲料、可食用内脏（哺乳动物）等动植物源食品中的 5 项农药最大残留限量。该农药在我国登记范围包括大豆、小麦、油菜、大蒜、甘蔗、花生、姜、马铃薯、棉花、水稻共计 10 种（类）。我国制定了该农药 8 项残留限量标准。

乙草胺相关限量标准及登记情况见表 6-3-1。

表 6-3-1　乙草胺相关限量标准及登记情况

序号	食品类别/名称		JMPR 推荐残留量标准/(mg/kg)	Codex 现有残留限量标准/(mg/kg)	GB 2763—2021 残留限量标准/(mg/kg)	我国登记情况
1	苜蓿饲料	Alfalfa hay	30（dw）	无	无	无
2	豆类动物饲料	Legume animal feeds	W	3（dw）	无	大豆
3	豆类动物饲料（苜蓿干草除外）	Legume animal feed，except alfalfa hay	3（dw）	无	无	大豆
4	大豆（干）	Soya bean（dry）	1.5	无	0.1（大豆）	大豆
5	可食用内脏（哺乳动物）	Edible offal（mammalian）	0.05	0.02*	无	无

* 方法定量限；dw：以干重计；W：撤销限量。

我国已在大豆中登记，拟新建立大豆（干）MRL 为 1.5 mg/kg，宽松于我国制定的大豆 MRL 0.1 mg/kg。

3. 膳食摄入风险评估结果

（1）长期膳食暴露评估：乙草胺的 ADI 为 0～0.01 mg/kg（以体重计）。JMPR 根据 STMR 或 STMR-P 评估了乙草胺在 17 簇 GEMS/食品膳食消费类别的 IEDIs。IEDIs 占最大允许摄入量的 4%。基于本次评估的乙草胺使用范围，JMPR 认为其残留长期膳食暴露不大可能引起公共健康关注。

（2）急性膳食暴露评估：乙草胺的 ARfD 为 1 mg/kg（以体重

计）。JMPR 根据本次评估的 HRs/HR‐Ps 或者 STMRs/STMR‐Ps 数据和现有的食品消费数据，计算了 IESTIs。对于儿童和普通人群，IESTIs 占 ARfD 的 0%。基于本次评估的乙草胺使用范围，JMPR 认为其残留急性膳食暴露不大可能引起公共健康关注。

四、嘧菌酯（azoxystrobin，229）

嘧菌酯是一种使用广泛的杀菌剂。2008 年 JMPR 首次将该农药作为新化合物进行了毒理学和残留评估。在此之后，2011 年、2012 年、2013 年及 2017 年 JMPR 对其进行了残留评估。2019 年 JMPR 对嘧菌酯进行了新用途评估。

1. 残留物定义

嘧菌酯在动物源、植物源食品中的监测与评估残留定义均为嘧菌酯。

2. 标准制定进展

JMPR 共推荐了嘧菌酯在番石榴中的 1 项农药最大残留限量。该农药在我国登记范围包括草莓、大豆、冬瓜、冬枣、番茄、甘蓝、甘蔗、柑橘、花生、花椰菜、黄瓜、姜、辣椒、梨树、荔枝、莲藕、马铃薯、芒果、棉花、苹果、葡萄、人参、石榴、水稻、丝瓜、桃树、西瓜、香蕉、小麦、玉米、芋头、枣树、蕹菜、枇杷、枸杞、豇豆共计 36 种（类），我国制定了该农药的 80 项残留限量标准。

嘧菌酯相关限量标准及登记情况见表 6‐4‐1。

表 6‐4‐1　嘧菌酯相关限量标准及登记情况

序号	食品类别/名称		JMPR 推荐残留限量标准/(mg/kg)	Codex 现有残留限量标准/(mg/kg)	GB 2763—2021残留限量标准/(mg/kg)	我国登记情况
1	番石榴	Guava	0.2	无	无	无

嘧菌酯在我国登记作物未包括 JMPR 此次评估的作物，且未制定此次评估作物的 MRL；同时 JMPR 推荐 ADI 及残留定义与我国一致。

3. 膳食摄入风险评估结果

（1）长期膳食暴露评估：嘧菌酯的 ADI 为 0～0.2 mg/kg（以体重计）。JMPR 根据 STMR 或 STMR - P 评估了嘧菌酯在 17 簇 GEMS/食品膳食消费类别的 IEDIs。IEDIs 在最大允许摄入量的 2%～20%之间。基于本次评估的嘧菌酯使用范围，JMPR 认为其残留长期膳食暴露不大可能引起公共健康关注。

（2）急性膳食暴露评估：2008 年的 JMPR 认为没有必要制定嘧菌酯的 ARfD。基于本次评估的嘧菌酯使用范围，JMPR 认为其残留急性膳食暴露不大可能引起公共健康关注。

五、苯并烯氟菌唑（benzovindiflupyr，261）

苯并烯氟菌唑是一种吡唑酰胺类杀菌剂。2013 年 JMPR 首次将该农药作为新化合物进行了毒理学评估。在此之后，2014 年及 2016 年 JMPR 对其进行了残留评估。在 2018 年 CCPR 第 50 届会议上，苯并烯氟菌唑被列入新用途评估农药，2019 年 JMPR 对其进行了新用途评估。

1. 残留物定义

苯并烯氟菌唑在动物源、植物源食品中的监测与评估残留定义均为苯并烯氟菌唑。

2. 标准制定进展

JMPR 共推荐了苯并烯氟菌唑在球茎洋葱亚组和甘蔗上的 2 项农药最大残留限量。该农药在我国登记范围包括观赏菊花、花生共计 2 种（类），我国制定了该农药 25 项残留限量标准。

苯并烯氟菌唑相关限量标准及登记情况见表 6 - 5 - 1。

表 6-5-1　苯并烯氟菌唑相关限量标准及登记情况

序号	食品类别/名称		JMPR 推荐残留限量标准/(mg/kg)	Codex 现有残留限量标准/(mg/kg)	GB 2763—2021 残留限量标准/(mg/kg)	我国登记情况
1	球茎洋葱亚组	Subgroup of bulb onion	0.02	无	无	无
2	甘蔗	Sugar cane	0.4	0.04	0.04*	无

*临时限量。

苯并烯氟菌唑在我国登记作物未包括 JMPR 此次评估的作物，同时 JMPR 推荐 ADI 及残留定义与我国一致。

3. 膳食摄入风险评估结果

（1）长期膳食暴露评估：苯并烯氟菌唑的 ADI 为 0~0.05 mg/kg（以体重计）。JMPR 根据 STMR 或者 STMR-P 评估了苯并烯氟菌唑在 17 簇 GEMS/食品膳食消费类别的 IEDIs。IEDIs 在最大允许摄入量的 0%~2% 之间。基于本次评估的苯并烯氟菌唑使用范围，JMPR 认为其残留长期膳食暴露不大可能引起公共健康关注。

（2）急性膳食暴露评估：苯并烯氟菌唑的 ARfD 为 0.1 mg/kg（以体重计）。JMPR 根据本次评估的 HRs/HR-Ps 或者 STMRs/STMR-Ps 数据和现有的食品消费数据，计算了 IESTIs。对于儿童 IESTIs 在 ARfD 的 0%~1% 之间，对于普通人群为 0%~2% 之间。基于本次评估的苯并烯氟菌唑使用范围，JMPR 认为其残留急性膳食暴露不大可能引起公共健康关注。

六、联苯菊酯（bifenthrin，178）

联苯菊酯是一种广泛使用的拟除虫菊酯杀虫（杀螨）剂。1992年 JMPR 首次将该农药作为新化合物进行了毒理学和残留评估。在此之后，1995 年、1996 年、1997 年、2010 年及 2015 年 JMPR

对其进行了残留评估。2009 年 JMPR 对其进行了毒理学评估。在
2018 年 CCPR 第 50 届会议上，联苯菊酯被列入新用途评估农药，
2019 年 JMPR 对其进行了新用途评估。

1. 残留物定义

联苯菊酯在动物源、植物源食品中的监测与评估残留定义均为
联苯菊酯（异构体之和）。

2. 标准制定进展

JMPR 共推荐了联苯菊酯在草莓和谷物秸秆（干）上的 2 项农
药最大残留限量。该农药在我国登记范围包括茶树、豆角、番茄、
甘蓝、甘蔗、柑橘、黄瓜、金银花、辣椒、棉花、木材、苹果树、
茄子、室内、土壤、卫生、小麦、烟草及月季。我国制定了该农药
49 项残留限量标准。

联苯菊酯相关限量标准及登记情况见表 6-6-1。

表 6-6-1　联苯菊酯相关限量标准及登记情况

序号	食品类别/名称		JMPR 推荐残留限量标准/(mg/kg)	Codex 现有残留限量标准/(mg/kg)	GB 2763—2021 残留限量标准/(mg/kg)	我国登记情况
1	草莓	Strawberries	3	3	1	无
2	谷物秸秆（干）	Cereal grains straw and fodder（dry）	1（dw）	无	无	小麦

dw：以干重计。

拟新建联苯菊酯在草莓中的 MRL 为 3 mg/kg，宽松于我国制
定的 1 mg/kg。联苯菊酯在我国登记作物未包括 JMPR 此次评估的
作物，且 JMPR 推荐 ADI 及残留定义与我国一致。

3. 膳食摄入风险评估结果

（1）长期膳食暴露评估：联苯菊酯的 ADI 为 0～0.01 mg/kg
（以体重计）。JMPR 在 2019 年、2015 年和 2010 年根据 STMR 或

STMR－P 评估了联苯菊酯在 17 簇 GEMS/食品膳食消费类别的 IEDIs。IEDIs 在最大允许摄入量的 $10\%\sim40\%$ 之间。基于本次评估的联苯菊酯使用范围，JMPR 认为其残留长期膳食暴露不大可能引起公共健康关注。

（2）急性膳食暴露评估：联苯菊酯的 ARfD 为 0.01 mg/kg（以体重计）。JMPR 根据本次评估的 HRs、STMRs 数据和现有的食品消费数据，计算了 IESTIs。对于儿童，IESTIs 在 ARfD 的 $2\%\sim380\%$ 之间，对于普通人群在 $1\%\sim210\%$ 之间。基于本次评估的联苯菊酯使用范围，JMPR 认为草莓中的联苯菊酯残留所引起的急性膳食暴露可能引起公共健康关注。

七、啶酰菌胺（boscalid，221）

啶酰菌胺是一种杀菌剂。2006 年 JMPR 首次将该农药作为新化合物进行了毒理学和残留评估。在此之后，2008 年及 2010 年 JMPR 对其进行了残留评估。2019 年 JMPR 对啶酰菌胺开展了新用途评估，新增部分限量标准。

1. 残留物定义

啶酰菌胺在植物源、动物源食品中的监测残留定义及在植物源食品中的评估残留定义均为啶酰菌胺。

啶酰菌胺在动物源食品中的评估残留定义为啶酰菌胺与 2-氯-N-(4′-氯-5-羟基联苯-2-基）烟酰胺及其轭合物之和，以啶酰菌胺表示。

2. 标准制定进展

JMPR 共推荐了啶酰菌胺在苹果、樱桃亚组等植物源食品中的 9 项农药最大残留限量。该农药在我国登记范围包括草莓、番茄、菊花、玫瑰、黄瓜、马铃薯、苹果、葡萄、甜瓜、西瓜、香蕉、油菜共计 12 种（类）。我国制定了该农药 63 项残留限量标准。

啶酰菌胺相关限量标准及登记情况见表 6-7-1。

表 6 - 7 - 1　啶酰菌胺相关限量标准及登记情况

序号	食品类别/名称		JMPR 推荐残留限量标准/(mg/kg)	Codex 现有残留限量标准/(mg/kg)	GB 2763 —2021 残留限量标准/(mg/kg)	我国登记情况
1	苹果	Apple	W	2	2	苹果
2	樱桃亚组	Subgroup of cherries	5	无	3（核果类水果）	无
3	芒果	Mango	2	无	5	无
4	桃亚组（包括油桃和杏）	Subgroup of peaches（including apricots and nectarines）	4	无	3（核果类水果）	无
5	李亚组（包括新鲜李）	Subgroup of plums（including fresh prunes）	1.5	无	3（核果类水果）	无
6	仁果类水果	Group of pome fruits	2	无	2（苹果）	苹果
7	西梅干	Prunes，dried	5	10	3（核果类水果）	无
8	核果类水果	Stone fruit	W	3	3（核果类水果）	无
9	茶叶	Tea，green，black（black fermented and dried）	40	无	无	无

W：撤销限量。

啶酰菌胺在我国已登记于苹果，JMPR 此次拟调整其在仁果类水果组中的 MRL 与我国苹果 MRL 标准一致；同时 JMPR 推荐的 ADI 及残留定义与我国的相关限量标准一致。

3. 膳食摄入风险评估结果

（1）长期膳食暴露评估：啶酰菌胺的 ADI 为 0～0.04 mg/kg（以体重计）。JMPR 根据 STMR 或 STMR－P 评估了啶酰菌胺在 17 簇 GEMS/食品膳食消费类别的 IEDIs。IEDIs 在最大允许摄入量的 10％～60％之间。基于本次评估的啶酰菌胺使用范围，JMPR 认为其残留长期膳食暴露不大可能引起公共健康关注。

（2）急性膳食暴露评估：2016 年 JMPR 认为没有必要制定啶酰菌胺的 ARfD。基于本次评估的啶酰菌胺使用范围，JMPR 认为本次评估的啶酰菌胺残留急性膳食暴露不大可能引起公共健康关注。

八、噻嗪酮（buprofezin，173）

噻嗪酮是一种通过抑制害虫几丁质合成而发挥杀虫作用的杀虫剂，CAS 号为 69327－76－0，1991 年 JMPR 首次将该农药作为新化合物进行了毒理学和残留评估。在此之后，1995 年、1999 年、2008 年、2009 年、2012 年、2014 年及 2016 年 JMPR 对其进行了残留评估。2008 年 JMPR 对其进行了毒理学评估。2019 年 JMPR 对噻嗪酮开展了新用途评估，新增部分限量标准。

1. 残留物定义

噻嗪酮在植物源、动物源食品中的监测与评估残留定义均为噻嗪酮。

2. 标准制定进展

JMPR 共推荐了噻嗪酮在柑橘渣（干）、哺乳动物脂肪（乳脂除外）等动植物源食品中的 11 项农药最大残留限量。该农药在我国登记范围包括茶树、番茄、柑橘、火龙果、芒果、蔷薇科花卉、水稻、杨梅树、茭白共计 9 种（类）。我国制定了该农药 40 项残留限量标准。

噻嗪酮相关限量标准及登记情况见表 6－8－1。

表 6-8-1　噻嗪酮相关限量标准及登记情况

序号	食品类别/名称		JMPR 推荐残留限量标准/(mg/kg)	Codex 现有残留限量标准/(mg/kg)	GB 2763—2021残留限量标准/(mg/kg)	我国登记情况
1	柑橘渣（干）	Citrus pulp, dry	5	2	2（柑橘脯）	柑橘
2	可食用柑橘油	Citrus oil, edible	6	无	无	柑橘
3	橄榄油（粗制）	Olive oil, crude	20	无	无	无
4	树生坚果类	Group of tree nuts	0.05*	无	0.05（杏仁）	无
5	杏仁壳	Almond hulls	3	2	无	无
6	杏仁	Almond	W	0.05*	0.05	无
7	哺乳动物脂肪（乳脂除外）	Mammalian fats (except milk fats)	0.01*	无	无	无
8	蛋	Eggs	0.01*	无	无	无
9	可食用内脏（家禽）	Edible offal (poultry)	0.01*	无	无	无
10	家禽脂肪	Poultry fats	0.01*	无	无	无
11	家禽肉	Poultry meat	0.01*	无	无	无

* 方法定量限；W：撤销限量。

我国已在柑橘中登记使用，JMPR 此次拟将柑橘渣（干）的 MRL 由 2 mg/kg 修改为 5 mg/kg，宽松于我国制定的柑橘脯 MRL 2 mg/kg。

3. 膳食摄入风险评估结果

（1）长期膳食暴露评估：噻嗪酮的 ADI 为 0～0.009 mg/kg（以体重计）。JMPR 根据 STMR 或 STMR-P 评估了噻嗪酮在 17 簇 GEMS/食品膳食消费类别的 IEDIs。IEDIs 在最大允许摄入量的 4%～40% 之间。基于本次评估的噻嗪酮使用范围，JMPR 认为其残留长期膳食暴露不大可能引起公共健康关注。

（2）急性膳食暴露评估：噻嗪酮的 ARfD 为 0.5 mg/kg（以体重计）。JMPR 根据本次评估的 HRs/HR‐Ps 或者 STMRs/STMR‐Ps 数据和现有的食品消费数据，计算了 IESTIs。对于一般人群 IESTIs 未高于 ARfD 的 5%，对于儿童则未高于 10%。基于本次评估的噻嗪酮使用范围，JMPR 认为其残留急性膳食暴露不大可能引起公共健康关注。

九、多菌灵（carbendazim，72）

1. 标准制定进展

JMPR 根据印度提交的黑胡椒、香豆蔻、孜然、干姜、咖喱叶、干辣椒等香辛料的监测数据，估算了啶虫脒在孜然中的最大残留水平为 2 mg/kg，残留中值为 0.57 mg/kg。香料籽亚组包含的任何一种商品，均可作为该亚组的代表性商品，因此 JMPR 认为此最大残留水平值和残留中值可以外推到香料籽亚组。会议撤销了此前关于豆蔻种子 MRL 为 0.1 mg/kg 的建议。

JMPR 根据印度提交的黑胡椒、香豆蔻、孜然、干姜、咖喱叶、干辣椒等香辛料的监测数据，估算了多菌灵在孜然中的最大残留水平为 5 mg/kg，残留中值为 0.525 mg/kg。香料籽亚组包含的任何一种商品，均可作为该亚组的代表性商品，因此 JMPR 认为此最大残留水平值和中等残留水平值可以外推到香料籽亚组。香辛料中啶虫脒和多菌灵的相关限量标准及登记情况见表 6‐9‐1。

表6‐9‐1 香辛料中啶虫脒和多菌灵的相关限量标准及登记情况

食品类别/名称	农药	JMPR 推荐残留限量标准/(mg/kg)	Codex 现有残留限量标准/(mg/kg)	GB 2763—2021 残留限量标准/(mg/kg)	我国登记情况
香料籽亚组	啶虫脒	2	无	无	无
	多菌灵	5	无	无	无

对于吡虫啉，植物源性食品中的监测定义和评估定义均为吡虫啉及含有6-氯吡啶基的所有代谢物之和，以吡虫啉表示。由于所提供的监测数据未对所有含6-氯吡啶基的代谢物进行分析，JMPR认为，数据不符合残留定义的要求，因此不推荐最大残留限量。

丙环唑和肟菌酯的残留数据只按照推荐MRL的监测定义提供，并没有按照膳食风险评估定义提供。JMPR注意到，对于这两种农药商品的组合，农药残留检测为阳性的样品不超过59个，因为验证的0.1 mg/kg的定量限高于当前分析技术所能达到的水平，所以JMPR暂不考虑提交的数据。

多菌灵、啶虫脒在我国登记的作物不包括JMPR此次评估的作物，且未制定此次评估作物的MRL，尽管JMPR推荐的ADI与我国制定的相关限量标准一致。

2. 膳食摄入风险评估结果

（1）长期膳食暴露评估：啶虫脒的ADI为0～0.07 mg/kg（以体重计），多菌灵的ADI为0～0.03 mg/kg（以体重计）。JMPR根据对香料籽亚组监测数据的STMR，评估了在17簇GEMS/食品消费类别的IEDIs。对于啶虫脒和多菌灵，香料籽亚组的残留物对长期膳食的影响较少，JMPR认为，啶虫脒和多菌灵残留由于香料籽亚组引起的长期膳食暴露不大可能引起公共健康关注。

（2）急性膳食暴露评估：对一般人群（包括儿童），啶虫脒的ARfD为0.1 mg/kg（以体重计），多菌灵的ARfD为0.5 mg/kg（以体重计）；对于育龄妇女，多菌灵的ARfD为0.1 mg/kg（以体重计）。JMPR根据提供的商品消费数据及残留中值，估算了啶虫脒和多菌灵对食品及其他加工商品的IESTIs，啶虫脒和多菌灵的IESTIs为ARfD的0%。基于本次评估的多菌灵和啶虫脒的使用范围，JMPR认为，两种农药残留由于香料籽亚组引起的急性膳食暴露不大可能引起公众健康关注。

十、氯虫苯甲酰胺（chlorantraniliprole，230）

氯虫苯甲酰胺，CAS号为500008-45-7，是一类双酰胺类杀虫

剂。2008 年 JMPR 首次对其进行了毒理学和残留评估。2019 年
JMPR收到了马来西亚和美国提供的在豆类、豌豆和油棕上登记使用
标签和规范残留试验的资料，并对氯虫苯甲酰胺进行了新用途评估。

1. 残留物定义

氯虫苯甲酰胺在动物源、植物源食品中的监测与评估残留定义
均为氯虫苯甲酰胺。

2. 标准制定进展

JMPR 共推荐了氯虫苯甲酰胺在干豆类亚组（大豆除外）、棕榈
果等植物源食品中的 4 项农药最大残留限量。该农药在我国登记范围
包括菜用大豆、草坪、番茄、甘蓝、甘薯、甘蔗、花椰菜、姜、辣椒、
马铃薯、棉花、苹果、水稻、西瓜、小白菜、小青菜、烟草、玉米、
茭白、豇豆共计 20 种（类）。我国制定了该农药 84 项残留限量标准。

氯虫苯甲酰胺相关限量标准及登记情况见表 6 - 10 - 1。

表 6 - 10 - 1　氯虫苯甲酰胺相关限量标准及登记情况

序号	食品类别/名称		JMPR 推荐残留标准限量/（mg/kg）	GB 2763—2021 残留标准限量/（mg/kg）	我国登记情况
1	干豆类亚组（大豆除外）	Subgroup of dry beans（includes all commodities in this subgroup）(except soya beans)	0.3	0.02*（杂粮类）	豇豆
2	干豌豆亚组	Subgroup of dry peas（includes all commodities in this subgroup）	0.3	0.02*（杂粮类）	无
3	棕榈果（非洲油棕）	Palm fruit（African oil palm）	0.8	无	无
4	棕榈油（粗制）	Palm oil, crude	2	无	无

* 临时限量。

氯虫苯甲酰胺在我国已登记于豌豆，JMPR 此次拟推荐其在干豆类亚组（大豆除外）中的 MRL 宽松于我国杂粮类 MRL 0.02 mg/kg；同时 JMPR 推荐的 ADI 及残留定义与我国一致。

3. 膳食摄入风险评估结果

（1）长期膳食暴露评估：氯虫苯甲酰胺的 ADI 为 0～2 mg/kg（以体重计）。JMPR 根据 STMR 或者 STMR - P 评估了氯虫苯甲酰胺在 17 簇 GEMS/食品膳食消费类别的 IEDIs。IEDIs 在最大允许摄入量的 0%～1% 之间。基于本次评估的氯虫苯甲酰胺的使用范围，JMPR 认为其残留长期膳食暴露不大可能引起公共健康关注。

（2）急性膳食暴露评估：2008 年 JMPR 认为没有必要制定氯虫苯甲酰胺的 ARfD。基于本次评估的氯虫苯甲酰胺使用范围，JMPR 认为其残留急性膳食暴露不大可能引起公共健康关注。

十一、百菌清（chlorothalonil，81）

百菌清是一种高效、广谱性的取代苯类杀菌剂。1974 年 JMPR 首次将该农药作为新化合物进行了毒理学和残留评估。在此之后，JMPR 于 1977 年、1978 年、1979 年、1981 年、1983 年、1985 年、1988 年、1990 年、1993 年、1997 年、2010 年、2012 年及 2015 年均对其进行了残留评估。1977 年、1979 年、1981 年、1983 年、1984 年、1985 年、1987 年、1990 年、1992 年及 2009 年，JMPR 对其进行了毒理学评估。在 2018 年 CCPR 第 50 届会议上，百菌清被列入新增限量标准农药。

2009 年 JMPR 对百菌清（四氯异酞腈）进行了评估，制定了其 ADI 为 0～0.02 mg/kg（以体重计），ARfD 为 0.6 mg/kg（以体重计），还制定了代谢物 4 -羟基- 2,5,6 -三氯异酞腈（SDS - 3701）的 ADI 为 0～0.008 mg/kg（以体重计），ARfD 为 0.03 mg/kg（以体重计）。JMPR 在 2010 年评估了代谢物 3 -氨甲酰- 2,4,5 -三氯苯甲酸（SDS - 46851），由于其毒性低于母体化合物，因此

JMPR 认为没有必要对其单独制定 ADI 和 ARfD。

1. 残留物定义

百菌清在植物源食品中的监测残留定义为百菌清。

百菌清在植物源食品中的评估残留定义为百菌清及 SDS - 3701，均单独计算。

百菌清在动物源食品中的监测及评估残留定义均为 SDS - 3701。

2. 标准制定情况

JMPR 共推荐了百菌清在蔓越莓中的 1 项农药最大残留限量标准。该农药在我国登记范围包括白菜、草坪、茶树、大白菜、豆类、番茄、甘蓝、柑橘树、果菜类蔬菜、花生、黄瓜、苦瓜、辣椒、梨树、荔枝树、林木、马铃薯、苹果树、葡萄、水稻、西瓜、香蕉、橡胶树、小麦、叶菜类蔬菜共计 25 种（类），我国制定了该农药 77 项残留限量标准。

百菌清相关限量标准及登记情况见表 6 - 11 - 1。

表 6 - 11 - 1　百菌清相关限量标准及登记情况

序号	食品类别/名称		JMPR 推荐残留限量标准/(mg/kg)	Codex 现有残留限量标准/(mg/kg)	GB 2763—2021 残留限量标准/(mg/kg)	我国登记情况
1	蔓越莓	Cranberries	15	W	5	无

W：撤销限量。

百菌清在我国登记作物未包括 JMPR 此次评估的作物；同时 JMPR 推荐 ADI 及残留定义与我国一致。

3. 膳食摄入风险评估结果

（1）长期膳食暴露评估：百菌清及其代谢物 SDS - 3701 的 ADI 分别为 0～0.02 mg/kg（以体重计）和 0～0.008 mg/kg（以体重计）。JMPR 根据 STMR 或者 STMR - P 估计了 17 簇 GEMS/食品膳食消费类别的 IEDIs。百菌清和 SDS - 3701 的 IEDIs 分别为最大允许摄入量的 10%～50% 和 4%～10% 之间。基于本次评估的百菌清及其代谢物使用范围，JMPR认为其残留长期膳食暴露不大可能引起公共健康关注。

（2）急性膳食暴露评估：百菌清及其代谢物SDS-3701的ARfD分别为0.6 mg/kg（以体重计）和0.03 mg/kg（以体重计）。根据本次评估的HRs/HR-Ps或者STMRs/STMR-Ps数据和现有的食品和加工食品消费数据，计算了IESTIs。百菌清的IEDIs为ARfD的0%～9%（儿童）和0%～3%（一般人群）。SDS-3701的IEDIs为ARfD的0%（儿童）和0%（一般人群）。基于本次评估的百菌清及其代谢物使用范围，JMPR认为其残留急性膳食暴露不大可能引起公共健康关注。

十二、环溴虫酰胺（cyclaniliprole，296）

环溴虫酰胺是具有双酰胺结构的新型广谱性杀虫剂。2017年JMPR首次对该农药进行了毒理学和残留评估，制定了环溴虫酰胺ADI为0～0.04 mg/kg（以体重计），认为没有必要制定ARfD。在2018年CCPR第50届会议上，环溴虫酰胺被列入新增限量标准农药，2019年JMPR对其进行了新用途评估。

1. 残留物定义

环溴虫酰胺在植物源、动物源食品中的监测残留定义均为环溴虫酰胺。

环溴虫酰胺在植物源食品中的评估残留定义为环溴虫酰胺和3-溴-2-{[2-溴-4H-吡唑并（1,5-d）吡啶并（3,2-b)-(1,4)恶嗪-4-亚烷基]氨基}-5-氯-N-(1-环丙基乙基)苯甲酰胺（NK-1375），以环溴虫酰胺等效表示，NK-1375等效表示环溴虫酰胺的分子量换算系数为1.064。

环溴虫酰胺在动物源食品中的评估残留定义为环溴虫酰胺。

2. 标准制定情况

JMPR共推荐了环溴虫酰胺在杏仁、蛋等植物源和动物源食品中的41项农药最大残留限量。该农药在我国尚未登记，也未制定相关残留限量标准。

环溴虫酰胺相关限量标准及登记情况见表 6-12-1。

表 6-12-1　环溴虫酰胺相关限量标准及登记情况

序号	食品类别/名称		JMPR 推荐残留限量标准/（mg/kg）	Codex 现有残留限量标准/（mg/kg）	GB 2763—2021 残留限量标准/（mg/kg）	我国登记情况
1	杏仁	Almonds	0.03	无	无	无
2	杏仁壳	Almond hulls	6	无	无	无
3	灌木浆果亚组	Subgroup of bush berries	1.5	无	无	无
4	接骨木果	Elderberries	1.5	无	无	无
5	绣球花	Guelder rose	1.5	无	无	无
6	藤蔓浆果亚组	Subgroup of cane berries	0.8	无	无	无
7	樱桃亚组	Subgroup of cherries	0.7	0.9	无	无
8	结球甘蓝	Cabbages，head	0.7	无	无	无
9	樱桃番茄	Cherry tomato	W	0.1	无	无
10	柑橘类水果	Group of citrus fruit	0.4	无	无	无
11	可食用柑橘油	Citrus oil，edible	50	无	无	无
12	葫芦科果菜类蔬菜亚组——黄瓜和西葫芦	Subgroup of fruiting vegetables, Cucurbits—cucumbers and summer squashes (includes all commodities in this group)	0.05	0.06	无	无

（续）

序号	食品类别/名称		JMPR 推荐残留限量标准/（mg/kg）	Codex 现有残留限量标准/（mg/kg）	GB 2763—2021 残留限量标准/（mg/kg）	我国登记情况
13	干制番茄	Dried tomato	0.35	0.4	无	无
14	可食用内脏（哺乳动物）	Edible offal (mammalian)	0.2	0.01*	无	无
15	茄科亚组	Subgroup of eggplants	0.15	0.1	无	无
16	蛋	Eggs	0.01*	无	无	无
17	芸薹属头状花序蔬菜亚组	Subgroup of flowerhead, *Brassica*	0.8	1	无	无
18	葡萄	Grapes	0.6	0.8	无	无
19	芸薹属结球蔬菜亚组	Subgroup of head, *Brassica*	W	0.7	无	无
20	绿叶蔬菜亚组	Subgroup of leafy greens	7	无	无	无
21	十字花科叶类蔬菜亚组	Subgroup of leaves of Brassicaceae	10	15	无	无
22	肉（哺乳动物，除海洋哺乳动物）	Meat (from mammals other than marine mammals)	0.25 (fat)	0.01* (fat)	无	无
23	矮生浆果亚组（蔓越莓除外）	Subgroup of low growing berries (except cranberries)	0.4	无	无	无

（续）

序号	食品类别/名称		JMPR 推荐残留限量标准/（mg/kg）	Codex 现有残留限量标准/（mg/kg）	GB 2763—2021残留限量标准/（mg/kg）	我国登记情况
24	瓜类、南瓜及冬笋亚组	Subgroup of melons, pumpkins and winter squashes	0.1	0.15	无	无
25	哺乳动物脂肪（乳脂除外）	Mammalian fats (except milk fats)	0.25	0.01*	无	无
26	奶	Milks	0.01	0.01*	无	无
27	乳脂	Milk fats	0.2	0.01*	无	无
28	辣椒亚组（角胡麻、秋葵和玫瑰茄除外）	Subgroup of peppers (except martynia, okra and roselle)	0.15	0.2	无	无
29	红辣椒（干）	Peppers, chili, dried	1.5	2	无	无
30	桃亚组（包括油桃和杏）	Subgroup of peaches (including apricots and nectarines)	0.3	0.3	无	无
31	仁果类水果	Pome fruits	W	0.3	无	无
32	仁果类水果（日本柿除外）	Group of pome fruits (excluding Japanese persimmons)	0.2	无	无	无

（续）

序号	食品类别/名称		JMPR推荐残留限量标准/(mg/kg)	Codex现有残留限量标准/(mg/kg)	GB 2763—2021残留限量标准/(mg/kg)	我国登记情况
33	李亚组（包括新鲜李）	Subgroup of plums (including fresh plums)	0.15	0.2	无	无
34	可食用内脏（家禽）	Edible offal (poultry)	0.01*	无	无	无
35	家禽脂肪	Poultry fats	0.01*	无	无	无
36	家禽肉	Poultry meat	0.01*	无	无	无
37	茶叶	Tea, green, black (black, fermented and dried)	50	无	无	无
38	番茄亚组	Subgroup of tomatoes	0.08	无	无	无
39	茎类和球茎类蔬菜亚组	Subgroup of tuberous and corm vegetables	0.01*	无	无	无
40	西梅干	Dried prunes	0.6	0.8	无	无
41	番茄	Tomato	W	0.1	无	无

　＊方法定量限；W：撤销限量；fat：溶于脂肪。

3. 膳食摄入风险评估结果

（1）长期膳食暴露评估：环溴虫酰胺的ADI为0～0.04 mg/kg（以体重计）。JMPR根据STMR或者STMR-P估计了17簇GEMS/食品膳食消费类别的IEDIs。IEDIs在最大允许摄入量的1％～10％之间。基于本次评估的环溴虫酰胺使用范围，JMPR认为其残留长期膳食暴露不大可能引起公共健康关注。

（2）急性膳食暴露评估：2017 年 JMPR 认为没有必要制定环溴虫酰胺的 ARfD。基于本次评估的环溴虫酰胺使用范围，JMPR 认为其残留急性膳食暴露不大可能引起公共健康关注。

十三、氯氰菊酯（cypermethrin，118）

氯氰菊酯是一种广泛使用的杀虫剂。1979 年 JMPR 首次将该农药作为新化合物进行了毒理学和残留评估。在此之后，1981 年、1982 年、1983 年、1984 年、1985 年、1986 年、1988 年、1990 年、2008 年、2009 年及 2011 年 JMPR 对其进行了残留评估。1981 年及 2006 年 JMPR 对其进行了毒理学评估。2019 年 JMPR 对氯氰菊酯进行了新用途评估。

1. 残留物定义

氯氰菊酯在动物源、植物源食品中的监测与评估残留定义均为氯氰菊酯（异构体之和）。

2. 标准制定进展

JMPR 共推荐了氯氰菊酯在人参、人参提取物等植物源食品中的 3 项农药最大残留限量。该农药在我国登记范围包括菜豆、茶树、大豆、甘蓝、柑橘树、黄瓜、梨树、荔枝、龙眼、棉花、苹果、十字花科蔬菜、十字花科叶菜、桃树、小麦、烟草、杨树、叶菜、叶菜类蔬菜、玉米共计 20 种（类），我国制定了该农药 100 项残留限量标准。

氯氰菊酯相关限量标准及登记情况见表 6-13-1。

表 6-13-1　氯氰菊酯相关限量标准及登记情况

序号	食品类别/名称		JMPR 推荐残留限量标准/（mg/kg）	GB 2763—2021 残留限量标准/（mg/kg）	我国登记情况
1	人参	Ginseng	0.03*	无	无

（续）

序号	食品类别/名称		JMPR 推荐残留限量标准/（mg/kg）	GB 2763—2021 残留限量标准/（mg/kg）	我国登记情况
2	人参（干，包括红参）	Ginseng，dried，including red ginseng	0.15	无	无
3	人参提取物	Ginseng extracts	0.06*	无	无

* 方法定量限。

氯氰菊酯在我国登记作物未包括 JMPR 此次评估的作物，且未制定此次评估作物的 MRL；同时 JMPR 推荐 ADI 及残留定义与我国一致。

3. 膳食摄入风险评估结果

（1）长期膳食暴露评估：氯氰菊酯的 ADI 为 0～0.02 mg/kg（以体重计）。2019 年 JMPR 估算的食品商品的 STMR / STMR‐P 并未影响 2011 年 JMPR 计算的氯氰菊酯的 IEDIs。基于本次评估的氯氰菊酯使用范围，JMPR 认为其残留长期膳食暴露不大可能引起公共健康关注。

（2）急性膳食暴露评估：氯氰菊酯的 ARfD 为 0.04 mg/kg（以体重计）。JMPR 根据本次评估的 HRs/HR‐Ps 或者 STMRs/STMR‐Ps 数据和现有的食品消费数据，计算了 IESTIs。对于儿童和普通人群，IESTIs 占 ARfD 的 0%。基于本次评估的氯氰菊酯使用范围，JMPR 认为其残留急性膳食暴露不大可能引起公共健康关注。

十四、嘧菌环胺（cyprodinil，207）

嘧菌环胺是一种广泛使用的杀菌剂。2003 年 JMPR 首次将该农药作为新化合物进行了毒理学和残留评估，在此之后，2013年、2015年、2017年及2018年JMPR对其进行了残留评估。2019年JMPR对其进行了新用途评估。

1. 残留物定义

嘧菌环胺在动物源、植物源食品中的监测与评估残留定义均为嘧菌环胺。

2. 标准制定进展

JMPR共推荐了嘧菌环胺在大豆（干）中的1项农药最大残留限量。该农药在我国登记范围包括草坪、番茄、观赏百合、苹果树、葡萄、人参共计6种（类），我国制定了该农药50项残留限量标准。

嘧菌环胺相关限量标准及登记情况见表6-14-1。

表6-14-1 嘧菌环胺相关限量标准及登记情况

序号	食品类别/名称		JMPR推荐残留限量标准/（mg/kg）	Codex现有残留限量标准/（mg/kg）	GB 2763—2021残留限量标准/（mg/kg）	我国登记情况
1	大豆（干）	Soya bean（dry）	0.3	无	无	无

嘧菌环胺在我国登记作物未包括JMPR此次评估的作物，且未制定此次评估作物的MRL；同时JMPR推荐ADI及残留定义与我国一致。

3. 膳食摄入风险评估结果

（1）长期膳食暴露评估：嘧菌环胺的ADI为0～0.03 mg/kg（以体重计）。JMPR根据STMR或STMR-P评估了嘧菌环胺在17簇GEMS/食品膳食消费类别的IEDIs。IEDIs在最大允许摄入量的7%～70%之间。基于本次评估的嘧菌环胺使用范围，JMPR认为其残留长期膳食暴露不大可能引起公共健康关注。

（2）急性膳食暴露评估：2003 年的 JMPR 认为没有必要制定嘧菌环胺的 ARfD。基于本次评估的嘧菌环胺使用范围，JMPR 认为其残留急性膳食暴露不大可能引起公共健康关注。

十五、麦草畏（dicamba，240）

麦草畏是一种高效内吸传导型的旱地除草剂。2010 年 JMPR 首次将该农药作为新化合物进行了毒理学和残留评估。在此之后，2011 年、2012 年及 2013 年 JMPR 对其进行了残留评估。在 2018 年 CCPR 第 50 届会议上，麦草畏被列入新用途评估农药，2019 年 JMPR 对其进行了新用途评估。

1. 残留物定义

麦草畏在植物源食品大豆、玉米和棉花中的监测残留定义为麦草畏及 3,6 -二氯水杨酸（DCSA；游离及共轭态）之和，以麦草畏表示。

麦草畏在其他植物源食品中的监测残留定义为麦草畏。

麦草畏在植物源食品大豆、玉米和棉花中的评估残留定义为麦草畏、2,5 -二氯 - 3 -羟基 - 6 -甲氧基苯甲酸（5 -羟基麦草畏）、3,6 -二氯水杨酸（DCSA；游离及共轭态）与 2,5 -二氯 - 3,6 -二羟基苯甲酸（DCGA；游离及共轭态）之和，以麦草畏表示。

麦草畏在其他植物源食品中的评估残留定义为麦草畏和 5 -羟基麦草畏之和，以麦草畏表示。

麦草畏在动物源食品中的监测与评估残留定义均为麦草畏与 DCSA 之和，以麦草畏表示。

2. 标准制定进展

JMPR 共推荐了麦草畏在棉籽、玉米等植物源食品中的 11 项农药最大残留限量。该农药在我国登记范围包括小麦、玉米共计 2 种（类），我国共制定了该农药 17 项残留限量标准。

麦草畏相关限量标准及登记情况见表 6 - 15 - 1。

表 6-15-1　麦草畏相关限量标准及登记情况

序号	食品类别/名称		JMPR 推荐残留限量标准/（mg/kg）	Codex 现有残留限量标准/（mg/kg）	GB 2763—2021残留限量标准/（mg/kg）	我国登记情况
1	棉籽	Cotton seed	W	0.04*	0.04	无
2	棉籽	Cotton seed	3	无	0.04	无
3	玉米	Maize	W	0.01*	0.5	玉米
4	玉米	Maize	0.01*	无	0.5	玉米
5	玉米秸秆（干）	Maize fodder (dry)	W	0.6 (dw)	无	玉米
6	玉米秸秆（干）	Maize fodder (dry)	0.6 (dw)	无	无	玉米
7	大豆（干）	Soya bean (dry)	W	10	10	无
8	大豆（干）	Soya bean (dry)	10	无	10	无
9	大豆秸秆（干）	Soya bean fodder (dry)	150 (dw)	无	无	无
10	大豆壳	Soya bean hulls	15	无	无	无
11	豆粕	Soya bean meal	15	无	无	无

*方法定量限；dw：以干重计；W：撤销限量。

　　麦草畏在我国已登记于玉米，且 JMPR 此次新建立的玉米秸秆（干）残留限量标准为 0.6 mg/kg（以干重计），为我国制定相关限量提供了参考；JMPR 此次根据加拿大玉米残留试验 GAP 信息及新的残留物定义，新推荐了麦草畏在玉米中残留限量标准为 0.01 mg/kg，严于我国制定的玉米 MRL 0.5 mg/kg。

3. 膳食摄入风险评估结果

（1）长期膳食暴露评估：麦草畏的 ADI 为 0～0.3 mg/kg（以体重计）。JMPR 根据 STMR 或者 STMR-P 评估了麦草畏在 17 簇 GEMS/食品膳食消费类别的 IEDIs。IEDIs 在最大允许摄入量的 0%～1%之间。基于本次评估的麦草畏使用范围，JMPR 认为其残留长期膳食暴露不大可能引起公共健康关注。

（2）急性膳食暴露评估：麦草畏的 ARfD 为 0.5 mg/kg（以体重计）。JMPR 根据本次评估的 HRs/HR-Ps 或者 STMRs/STMR-Ps 数据和现有的食品消费数据，计算了 IESTIs。对于儿童和普通人群，IESTIs 均为 ARfD 的 0%。基于本次评估的麦草畏使用范围，JMPR 认为其残留急性膳食暴露不大可能引起公共健康关注。

十六、喹螨醚（fenazaquin，297）

喹螨醚是一种新型喹唑啉类杀螨剂。2017 年 JMPR 首次将该农药作为新化合物进行了毒理学和残留评估。在 2018 年 CCPR 第 50 届会议上，喹螨醚被列入新用途评估农药，2019 年 JMPR 对其进行了新用途评估。

1. 残留物定义

喹螨醚在植物源食品中的监测与评估残留定义均为喹螨醚。

喹螨醚在动物源食品中的监测残留定义为喹螨醚及其代谢物 2-羟基-喹螨醚酸之和，以喹螨醚表示。

喹螨醚在动物源食品中的评估残留定义为喹螨醚、代谢物 2-（4-{2-[（2-羟基喹唑啉-4-基）氧基]乙基}苯基)-2-甲基丙酸（2-羟基-喹螨醚酸）、喹唑啉-4-醇和 3,4-二氢喹唑啉-4-酮（4-羟基喹唑啉的互变异构体），以喹螨醚表示。

2. 标准制定进展

JMPR 共推荐了喹螨醚在杏仁壳、可食用内脏（哺乳动物）等动物源、植物源食品中的 7 项农药最大残留限量。该农药在我国登记范围包括茶树、苹果树共计 2 种（类），我国制定了该农药 4 项残留限量标准。

喹螨醚相关限量标准及登记情况见表 6-16-1。

表 6-16-1 喹螨醚相关限量标准及登记情况

序号	食品类别/名称		JMPR 推荐残留限量标准/（mg/kg）	GB 2763—2021 残留限量标准/（mg/kg）	我国登记情况
1	杏仁壳	Almond hulls	4（dw）	无	无
2	可食用内脏（哺乳动物）	Edible offal（mammalian）	0.02*	无	无
3	哺乳动物脂肪（乳脂除外）	Mammalian fats（except milk fats）	0.02*	无	无
4	肉（哺乳动物，除海洋哺乳动物）	Meat（from mammals other than marine mammals）	0.02*（fat）	无	无
5	奶	Milks	0.02*	无	无
6	乳脂	Milk fats	0.02*	无	无
7	树生坚果类（椰子除外）	Group of tree nuts（except coconut）	0.02	无	无

* 方法定量限；dw：以干重计；fat：溶于脂肪。

我国登记及制定残留限量标准涉及的作物未包括 JMPR 此次评估的作物，同时 JMPR 推荐 ADI 及残留定义与我国一致。

3. 膳食摄入风险评估结果

（1）长期膳食暴露评估：喹螨醚的 ADI 为 0～0.05 mg/kg（以体重计）。JMPR 根据 STMR 或 STMR-P 评估了喹螨醚在 17 簇 GEMS/食品膳食消费类别的 IEDIs。IEDIs 为最大允许摄入量的 0%。基于本次评估的喹螨醚使用范围，JMPR 认为其残留长期膳食暴露不大可能引起公共健康关注。

（2）急性膳食暴露评估：喹螨醚的 ARfD 为 0.1 mg/kg（以体重计）。JMPR 根据本次评估的 HRs/HR-Ps 或者 STMRs/STMR-Ps 数据和现有的食品消费数据，计算了 IESTIs。对于儿童和普通人群，IESTIs 均为 ARfD 的 0%。基于本次评估的喹螨醚使用范围，JMPR 认为其残留急性膳食暴露不大可能引起公共健康关注。

十七、氟啶虫酰胺（flonicamid，282）

氟啶虫酰胺，CAS 号为 158062 - 67 - 0，是一种内吸性吡啶酰胺类杀虫剂，能选择性杀灭半翅目害虫。2015 年 JMPR 首次对该农药进行了毒理学和残留评估。在此之后，2016 年及 2017 年 JM-PR 对其进行了残留评估。2019 年 JMPR 对氟啶虫酰胺开展了新用途评估，新增部分限量标准。

1. 残留物定义

氟啶虫酰胺在植物源食品中的监测与评估残留定义均为氟啶虫酰胺。

氟啶虫酰胺在动物源食品中的监测与评估残留定义均为氟啶虫酰胺及其代谢物 4 -（三氟甲基）烟酰胺，以氟啶虫酰胺表示。

2. 标准制定进展

2019 年 JMPR 共推荐了氟啶虫酰胺在柠檬和酸橙亚组、柑橘渣（干）等植物源食品中的 4 项农药最大残留限量。该农药在我国登记范围包括茶树、甘蓝、黄瓜、马铃薯、苹果、水稻、枣树共计 7 种（类），我国制定了该农药 35 项残留限量标准。

氟啶虫酰胺相关限量标准及登记情况见表 6 - 17 - 1。

表 6 - 17 - 1　氟啶虫酰胺相关限量标准及登记情况

序号	食品类别/名称		JMPR 推荐残留限量标准/（mg/kg）	GB 2763—2021 残留限量标准/（mg/kg）	我国登记情况
1	柠檬和酸橙亚组	Subgroup of lemons and limes（includes all commodities in this subgroup）	1.5	无	无

（续）

序号	食品类别/名称		JMPR 推荐残留限量标准/（mg/kg）	GB 2763—2021残留限量标准/（mg/kg）	我国登记情况
2	橙亚组（甜、酸，包括类似橙子的杂交品种）	Subgroup of oranges, sweet, sour（includes all commodities in this subgroup）	0.4	无	无
3	柚子和葡萄柚（包括文旦柚之类的杂交种）	Subgroup of pumelo and grapefruit（including shaddock - like hybrids, including all commodities in this subgroup）	0.3	无	无
4	柑橘渣（干）	Citrus pulp（dry）	3（dw）	无	无

dw：以干重计。

氟啶虫酰胺在我国登记作物未包括 JMPR 此次评估的作物，且未制定此次评估作物的 MRL；同时 JMPR 推荐 ADI 及残留定义与我国一致。

3. 膳食摄入风险评估结果

（1）长期膳食暴露评估：氟啶虫酰胺的 ADI 为 0～0.07 mg/kg（以体重计）。JMPR 根据 STMR 或 STMR - P 评估了氟啶虫酰胺在 17 簇 GEMS/食品膳食消费类别的 IEDIs。IEDIs 在最大允许摄入量的 1%～10% 之间，基于本次评估的氟啶虫酰胺使用范围，JMPR 认为其残留长期膳食暴露不大可能引起公共健康关注。

（2）急性膳食暴露评估：2015 年 JMPR 认为没有必要制定氟啶虫酰胺的 ARfD。基于本次评估的氟啶虫酰胺使用范围，JMPR 认为其残留急性膳食暴露不大可能引起公共健康关注。

十八、精吡氟禾草灵（fluazifop‐p‐butyl，283）

精吡氟禾草灵是一种可以广泛应用于各类阔叶作物苗后阶段的除草剂。2016年JMPR首次对该农药进行了毒理学和残留评估，2019年JMPR对精吡氟禾草灵开展了新用途评估，新增部分限量标准。

1. 残留物定义

精吡氟禾草灵在植物源、动物源食品中的监测残留定义及在动物源食品中的评估残留定义均为总吡氟禾草灵，定义为精吡氟禾草灵、精吡氟禾草灵酸（Ⅱ）及其轭合物之和，以精吡氟禾草灵表示。

精吡氟禾草灵在植物源食品中的评估残留定义为精吡氟禾草灵、精吡氟禾草灵酸（Ⅱ）、2‐[4‐(3‐羟基‐5‐三氟甲基‐2‐苯氧基）吡啶氧基]丙酸（ⅩL）、5‐三氟甲基‐2‐吡啶酮（Ⅹ）及其轭合物之和，以精吡氟禾草灵表示。

2. 标准制定进展

JMPR共推荐了精吡氟禾草灵在藤蔓浆果亚组、角醋栗等植物源食品中的7项农药最大残留限量。该农药在我国登记范围包括大豆、油菜、花生、棉花、甜菜共计5种（类），我国制定了该农药39项残留限量标准。

精吡氟禾草灵相关限量标准及登记情况见表6‐18‐1。

表6‐18‐1　精吡氟禾草灵相关限量标准及登记情况

序号	食品类别/名称		JMPR推荐残留限量标准/(mg/kg)	Codex现有残留限量标准/(mg/kg)	GB 2763—2021残留限量标准/(mg/kg)	我国登记情况
1	藤蔓浆果亚组	Subgroup of cane berries	0.08	0.01*	无	无

（续）

序号	食品类别/名称		JMPR推荐残留限量标准/（mg/kg）	Codex现有残留限量标准/（mg/kg）	GB 2763—2021残留限量标准/（mg/kg）	我国登记情况
2	加仑子（黑、红、白）	Currants, black, red, white	W	0.01*	0.01	无
3	角醋栗	Gooseberries	W	0.01*	0.01	无
4	灌木浆果亚组	Subgroup of bush berries	0.3	无	0.01（角醋栗）0.01（加仑子）	无
5	接骨木果	Elderberries	0.3	无	无	无
6	绣球花	Guelder rose	0.3	无	无	无
7	草莓	Strawberries	3	0.3	0.3	无

*方法定量限；W：撤销限量。

精吡氟禾草灵在我国登记作物不包括 JMPR 此次评估的作物，同时 JMPR 推荐 ADI 及残留定义与我国基本一致。

3. **膳食摄入风险评估结果**

（1）长期膳食暴露评估：精吡氟禾草灵的 ADI 为 0～0.004 mg/kg（以体重计）。JMPR 根据 STMR 或 STMR-P 评估了精吡氟禾草灵在 17 簇 GEMS/食品膳食消费类别的 IEDIs。IEDIs 在最大允许摄入量的 30%～160% 之间，发现 GEMS/食品膳食消费类别的 G16 存在超限（160%）。CCPR 于 2017 年（REP17/PR）决定撤销甘薯和山药的残留限量标准，基于本次评估的精吡氟禾草灵使用范围，JMPR 认为其残留长期膳食暴露（不包括甘薯和山药）不大可能引起公共健康关注。

（2）急性膳食暴露评估：精吡氟禾草灵的 ARfD 为 0.4 mg/kg（以体重计）。JMPR 根据本次评估的 HRs/HR-Ps 或者 STMRs/

STMR‐Ps 数据和现有的食品消费数据，计算了 IESTIs。对于儿童 IESTIs 在 ARfD 的 0%～6% 之间，对于一般人群在 0%～3% 之间。基于本次评估的精吡氟禾草灵使用范围，JMPR 认为其残留急性膳食暴露不大可能引起公共健康关注。

十九、氟噻虫砜（fluensulfone，265）

氟噻虫砜，CAS 号为 318290‐98‐1，是一种噻唑类杀线虫剂。JMPR 于 2013 年、2014 年对该农药进行了毒理学评估，于 2014 年和 2016 年进行了残留评估。2019 年 JMPR 对氟噻虫砜进行了新用途评估。

1. 残留物定义

氟噻虫砜在植物源食品中的监测残留定义为氟噻虫砜与 3,4,4‐三氟丁‐3‐烯‐1‐磺酸（BSA）之和，以氟噻虫砜表示。

氟噻虫砜在动物源食品中的监测残留定义为氟噻虫砜。

氟噻虫砜在动物源、植物源食品中的评估残留定义为氟噻虫砜。

2. 标准制定进展

JMPR 共推荐了氟噻虫砜在柑橘类水果、仁果类水果（日本柿除外）等植物源农产品中的 25 项农药最大残留限量。该农药在我国尚未登记，我国已制定该农药 36 项残留限量标准。

氟噻虫砜相关限量标准及登记情况见表 6‐19‐1。

表 6‐19‐1　氟噻虫砜相关限量标准及登记情况

序号	食品类别/名称		JMPR 推荐残留限量标准/（mg/kg）	GB 2763—2021 残留限量标准/（mg/kg）	我国登记情况
1	柑橘类水果	Group of citrus fruit	0.2	无	无
2	仁果类水果（日本柿除外）	Group of pome fruit （except Japanese persimmon）	0.2	无	无

（续）

序号	食品类别/名称		JMPR 推荐残留限量标准/（mg/kg）	GB 2763—2021 残留限量标准/（mg/kg）	我国登记情况
3	核果类水果	Group of stone fruit	0.09	无	无
4	藤蔓类小型水果亚组	Subgroup of small fruit vine climbing	0.7	无	无
5	甘蔗	Sugar cane	0.06	无	无
6	树生坚果类	Group of tree nuts	0.025*	无	无
7	咖啡豆	Coffee bean	0.05	无	无
8	小麦亚组（类似的谷物和没有外壳的假谷物）	Subgroup of wheat, similar grains and pseudo-ocereals without husks	0.08	无	无
9	大麦亚组（类似的谷物和没有外壳的假谷物）	Subgroup of barley, similar grains and pseudo-ocereals with husks	0.08	无	无
10	玉米亚组	Subgroup of maize cereals	0.15	无	无
11	甜玉米亚组	Subgroup of sweet corns	0.15	无	无
12	稻米谷物亚组	Subgroup of rice cereals	0.04	无	无
13	高粱谷物和小米亚组	Subgroup of sorghum grain and millet	0.04	无	无
14	干草或干秸秆饲料（干玉米饲料和干稻秸秆除外）	Hay or fodder (dry) of grasses (except maize fodder and rice straw and fodder, dry)	15 (dw)	无	无

（续）

序号	食品类别/名称		JMPR 推荐残留限量标准/（mg/kg）	GB 2763—2021 残留限量标准/（mg/kg）	我国登记情况
15	玉米秸秆（干）	Maize fodder（dry）	0.6（dw）	无	无
16	稻秸秆（干）	Rice straw and fodder（dry）	0.06（dw）	无	无
17	谷物秸秆（干）（干玉米饲料和干稻秸秆除外）	Straw or fodder（dry）of cereal grains（except maize fodder and rice straw and fodder，dry）	6（dw）	无	无
18	杏仁壳	Almond hulls	7（dw）	无	无
19	干制柑橘果肉	Citrus pulp，dry	1.5	无	无
20	可食用柑橘油	Citrus oil，edible	1.5	无	无
21	苹果汁	Apple juice	0.4	无	无
22	干制苹果	Dried apples	1	无	无
23	西梅干	Dried prunes	0.3	无	无
24	干制葡萄	Dried grapes	2	无	无
25	甘蔗糖浆	Sugar cane molasses	0.5	无	无

* 方法定量限；dw：以干重计。

3. 膳食摄入风险评估结果

（1）长期膳食暴露评估：氟噻虫砜的 ADI 为 0～0.01 mg/kg（以体重计）。JMPR 根据 STMR 或者 STMR - P 评估了 17 簇 GEMS/食品膳食消费类别的 IEDIs。IEDIs 在最大 ADI 的 1%～3% 之间。基于本次评估的氟噻虫砜使用范围，JMPR 认为其残留长期膳食暴露不大可能引起公共健康关注。

（2）急性膳食暴露评估：氟噻虫砜的 ARfD 为 0.3 mg/kg（以体重计）。JMPR 根据本次评估的 HRs/HR - Ps 或者 STMRs/

STMR-Ps 数据和现有的食品消费数据，计算了 IESTIs。对于儿童，IESTIs 在 ARfD 的 0％～20％之间，对于普通人群在 0％～10％之间。基于本次评估的氟噻虫砜使用范围，JMPR 认为其残留急性膳食暴露不大可能引起公共健康关注。

二十、氟吡呋喃酮（flupyradifurone，285）

氟吡呋喃酮是一种具有丁烯醇结构的杀虫剂。2015 年 JMPR 首次对其进行了毒理学评估，2016 年及 2017 年 JMPR 进行了残留评估。2019 年 JMPR 对氟吡呋喃酮进行了新用途评估。

1. 残留物定义
氟吡呋喃酮在植物源食品中的监测残留定义为氟吡呋喃酮。

氟吡呋喃酮在植物源食品中的评估残留定义为氟吡呋喃酮、二氟乙酸与 6-氯烟酸之和，以母体表示。

氟吡呋喃酮在动物源食品中的监测与评估残留定义均为氟吡呋喃酮、二氟乙酸和 6-氯烟酸之和，以母体表示。

2. 标准制定进展
JMPR 共推荐了氟吡呋喃酮在鳄梨、可可豆等植物源食品中的 5 项农药最大残留限量。该农药在我国登记范围包括番茄共计 1 种（类），未包括 JMPR 此次评估的作物，我国已制定了该农药 48 项残留限量标准。

氟吡呋喃酮相关限量标准登记情况见表 6-20-1。

表 6-20-1 氟吡呋喃酮相关限量标准及登记情况

序号	食品类别/名称		JMPR 推荐残留标准限量/（mg/kg）	GB 2763—2021 残留标准限量/（mg/kg）	我国登记情况
1	鳄梨	Avocado	0.6	无	无
2	可可豆	Cacao beans	0.01*	无	无

（续）

序号	食品类别/名称		JMPR 推荐残留标准限量/（mg/kg）	GB 2763—2021 残留标准限量/（mg/kg）	我国登记情况
3	藤蔓浆果亚组	Subgroup of cane berries（includes all commodities in this subgroup）	6	无	无
4	咖啡豆	Coffee beans	0.9	无	无
5	啤酒花（干）	Hops，dry	10	无	无

* 方法定量限。

我国未制定氟吡呋喃酮的 MRL 标准，未包括 JMPR 此次制定 MRL 的评估作物。

3. 膳食摄入风险评估结果

（1）长期膳食暴露评估：氟吡呋喃酮的 ADI 为 0～0.08 mg/kg（以体重计）。JMPR 根据 STMR 或者 STMR - P 评估了 17 簇 GEMS/食品膳食消费类别的 IEDIs。IEDIs 在最大允许摄入量的 6％～20％之间。基于本次评估的氟吡呋喃酮使用范围，JMPR 认为其残留长期膳食暴露不大可能引起公共健康关注。

（2）急性膳食暴露评估：氟吡呋喃酮的 ARfD 为 0.005 mg/kg（以体重计），JMPR 根据本次评估的 HRs/HR - Ps 或者 STMRs/STMR - Ps 数据和现有的食品消费数据，计算了 IESTIs。对于儿童和普通人群的 IESTIs 在 ARfD 的 0％～20％之间。基于本次评估的氟吡呋喃酮使用范围，认为其残留急性膳食暴露不大可能引起公共健康关注。

二十一、三乙膦酸铝（fosetyl‐Al，302）

三乙膦酸铝是一种有机磷类高效、广谱、内吸性低毒杀菌剂。

2017 年 JMPR 首次对该农药进行了毒理学和残留评估。JMPR 制定三乙膦酸铝的 ADI 为 0～1 mg/kg（以体重计），未制定 ARfD。在 2018 年 CCPR 第 50 届会议上，三乙膦酸铝被列入法典新增限量标准农药，2019 年 JMPR 对三乙膦酸铝进行了新用途评估。

1. 残留物定义

三乙膦酸铝在植物源食品中的监测与评估残留定义均为乙基膦酸、亚磷酸及其盐之和，以亚磷酸表示。

三乙膦酸铝在动物源食品中的监测与评估残留定义均为亚磷酸。

2. 标准制定情况

JMPR 推荐了三乙膦酸铝在黑莓、咖啡豆等植物源及蛋等动物源食品中的 12 项农药最大残留限量。该农药在我国登记范围包括白菜、番茄、胡椒、黄瓜、辣椒、梨树、荔枝、马铃薯、棉花、苹果、葡萄、十字花科蔬菜、水稻、甜菜、橡胶、烟草、莴笋共计 17 种（类）。我国制定了该农药 4 项残留限量标准。

三乙膦酸铝相关限量标准及登记情况见表 6-21-1。

表 6-21-1　三乙膦酸铝相关限量标准及登记情况

序号	食品类别/名称		JMPR 推荐残留限量标准/ (mg/kg)	Codex 现有残留限量标准/ (mg/kg)	GB 2763 —2021 残留限量标准/ (mg/kg)	我国登记情况
1	黑莓	Blackberries	70	无	无	无
2	咖啡豆	Coffee beans	30	无	无	无
3	蛋	Eggs	0.05*	无	无	无
4	芸薹属头状花序蔬菜亚组	Subgroup of flowerhead, Brassica	0.2*	无	无	十字花科蔬菜、蔬菜

（续）

序号	食品类别/名称		JMPR 推荐残留限量标准/(mg/kg)	Codex 现有残留限量标准/(mg/kg)	GB 2763—2021 残留限量标准/(mg/kg)	我国登记情况
5	芸薹属结球蔬菜亚组	Subgroup of head，*Brassica*	0.2*	无	无	十字花科蔬菜、蔬菜
6	羽衣甘蓝	Kale	0.2*	无	无	十字花科蔬菜、蔬菜
7	猕猴桃	Kiwifruit	150	无	无	无
8	哺乳动物脂肪（乳脂除外）	Mammalian fat (except milk fats)	0.3	0.2	无	无
9	菠萝	Pineapple	15	无	无	无
10	家禽脂肪	Poultry fats	0.05*	无	无	无
11	家禽肉	Poultry meat	0.05*	无	无	无
12	可食用内脏（家禽）	Edible offal (poultry)	0.05*	无	无	无

* 方法定量限。

　　三乙膦酸铝在我国已登记于十字花科蔬菜及除十字花科蔬菜外的蔬菜，且 JMPR 此次拟新建立芸薹属头状花序蔬菜亚组 MRL 为 0.2 mg/kg、芸薹属结球蔬菜亚组 MRL 为 0.2 mg/kg、羽衣甘蓝 MRL 为 0.2 mg/kg，为我国制定相关限量标准提供了参考。

3. 膳食摄入风险评估结果

　　（1）长期膳食暴露评估：三乙膦酸铝的 ADI 为 0～1 mg/kg

（以体重计），此值也适用于膦酸。JMPR 根据 STMR 或 STMR－P 评估了三乙膦酸铝在 17 簇 GEMS/食品膳食消费类别的 IEDIs。IEDIs 在最大允许摄入量的 1%～30%之间。基于本次评估的三乙膦酸铝使用范围，JMPR 认为其残留长期膳食暴露不大可能引起公共健康关注。

（2）急性膳食暴露评估：2017 年 JMPR 认为没有必要制定三乙膦酸铝的 ARfD。基于本次评估的三乙膦酸铝使用范围，JMPR 认为其残留急性膳食暴露不大可能引起公共健康关注。

二十二、草甘膦（glyphosate，158）

草甘膦是一种有机膦类的非选择性内吸传导型除草剂。1986 年 JMPR 首次对该农药进行了毒理学和残留评估。在此之后，1988 年、1994 年、1997 年、2005 年、2011 年及 2013 年 JMPR 对其进行了残留评估。JMPR 制定草甘膦的 ADI 为 0～1 mg/kg（以体重计），未制定 ARfD。1997 年、2004 年、2011 年及 2016 年 JMPR 对其进行了毒理学评估。在 2018 年 CCPR 第 50 届会议上，草甘膦被列入新增限量标准农药，2019 年 JMPR 对其进行了新用途评估。

1. 残留物定义

草甘膦在植物源食品大豆、玉米和油菜及动物源食品中的监测残留定义均为草甘膦与 N-乙酰草甘膦之和，以草甘膦表示。

草甘膦在其他植物源食品中的监测残留定义为草甘膦。

草甘膦在动植物源食品中的评估残留定义为草甘膦、N-乙酰草甘膦、氨甲基膦酸（AMPA）与 N-乙酰 AMPA，以草甘膦表示。

2. 标准制定情况

JMPR 共推荐了草甘膦在小扁豆（干）、豌豆（干）等植物源食品中的 5 项农药最大残留限量。该农药在我国登记范围包括百合、茶树、甘蔗、柑橘、剑麻、梨园、棉花、油菜、水稻、苹果、桑树、香蕉树、橡胶树、玉米共计14种（类）。我国制定了该农药28项残留限量标准。

草甘膦相关限量标准及登记情况见表6-22-1。

表6-22-1　草甘膦相关限量标准及登记情况

序号	食品类别/名称		JMPR推荐残留限量标准/(mg/kg)	Codex现有残留限量标准/(mg/kg)	GB 2763—2021残留限量标准/(mg/kg)	我国登记情况
1	干豆亚组（大豆除外）	Subgroup of dry beans（includes all commodities in this subgroup, except soya beans）	15	无	2〔杂粮类（豌豆、小扁豆除外）〕	无
2	豆类（干）	Beans（dry）	W	2	2〔杂粮类（豌豆、小扁豆除外）〕	无
3	干豌豆亚组	Subgroup of dry peas（includes all commodities in this subgroup）	10	无	5	无
4	小扁豆（干）	Lentil（dry）	W	5	5	无
5	豌豆（干）	Peas（dry）	W	5	5	无

W：撤销限量。

草甘膦在我国登记作物未包括JMPR此次评估的作物，JMPR推荐ADI与我国一致，但在大豆、玉米和油菜上的监测残留定义不一致。

3. 膳食摄入风险评估结果

（1）长期膳食暴露评估：草甘膦的 ADI 为 0～1 mg/kg（以体重计）。JMPR 根据 STMR 或 STMR-P 评估了 17 簇 GEMS/食品膳食消费类别的 IEDIs。IEDIs 在 ADI 的 1%～4% 之间。基于本次评估的草甘膦适用范围，JMPR 认为其残留长期膳食暴露不大可能引起公共健康关注。

（2）急性膳食暴露评估：2011 年 JMPR 认为没有必要制定草甘膦的 ARfD。基于本次评估的草甘膦适用范围，JMPR 认为其残留急性膳食暴露不大可能引起公共健康关注。

二十三、醚菌酯（kresoxim-methyl，199）

醚菌酯是一种甲氧基丙烯酸酯类杀菌剂。1998 年 JMPR 首次对该农药进行了毒理学和残留评估。在此之后，2001 年及 2018 年 JMPR 对其进行了残留评估。2018 年 JMPR 对其进行了毒理学评估。2019 年 JMPR 对其进行了新用途评估。

1. 残留物定义

醚菌酯在植物源食品中的监测残留定义为醚菌酯。

醚菌酯在植物源食品中的评估残留定义为醚菌酯、代谢物 E-甲基-2-甲氧基亚氨基-2-[2-(o-甲苯氧基) 苯基] 醋酸盐（490M1）、(2E)-{2-[(4-羟基-2-甲基苯氧基) 甲基] 苯基}（甲氧基亚氨基）乙酸盐（490M9）及其轭合物之和，以醚菌酯表示。

醚菌酯在动物源食品中的监测与评估残留定义均为代谢物 E-甲基-2-甲氧基亚氨基-2-[2-(o-甲苯氧基) 苯基] 醋酸盐（490M1）、(2E)-{2-[(4-羟基-2-甲基苯氧基) 甲基] 苯基}（甲氧基亚氨基）乙酸盐（490M9）之和，以醚菌酯表示。

2. 标准制定进展

JMPR 共推荐了醚菌酯在仁果类水果、仁果类水果（日本柿除外）中的 2 项农药最大残留限量。该农药在我国登记范围包括草莓、番茄、黄瓜、辣椒、梨、苹果、葡萄、人参、水稻、甜瓜、西瓜、香蕉、小葱、小麦、烟草、枸杞共计16种（类），我国制定了该农药33项残留限量标准。

醚菌酯相关限量标准及登记情况见表6-23-1。

表6-23-1 醚菌酯相关限量标准及登记情况

序号	食品类别/名称		JMPR推荐残留限量标准/(mg/kg)	Codex现有残留限量标准/(mg/kg)	GB 2763—2021残留限量标准/(mg/kg)	我国登记情况
1	仁果类水果	Pome fruits	W	0.2	0.2（苹果、梨、山楂、枇杷、榅桲）	苹果、梨
2	仁果类水果（日本柿除外）	Group of pome fruit, excluding Japanese persimmon	0.15	无	0.2（苹果、梨、山楂、枇杷、榅桲）	苹果、梨

W：撤销限量。

JMPR此次根据美国及加拿大提交的苹果和梨等仁果类水果残留试验数据，新推荐醚菌酯在仁果类水果（日本柿除外）的MRL为0.15 mg/kg，严于我国制定的苹果MRL 0.2 mg/kg、梨MRL 0.2 mg/kg。

3. 膳食摄入风险评估结果

（1）长期膳食暴露评估：醚菌酯的ADI为0~0.04 mg/kg（以体重计），适用于代谢物E-甲基-2-甲氧基亚氨基-2-[2-(o-

甲苯氧基）苯基］醋酸盐（490M1）和（2E)-{2-[(4-羟基-2-甲基苯氧基）甲基］苯基}（甲氧基亚氨基）乙酸盐（490M9)]。JMPR 根据 STMR 或 STMR-P 评估了嘧菌酯在 17 簇 GEMS/食品膳食消费类别的 IEDIs。IEDIs 在最大允许摄入量的 0%～0.4%之间。基于本次评估的嘧菌酯使用范围，JMPR 认为其残留长期膳食暴露不大可能引起公共健康关注。

（2）急性膳食暴露评估：2018 年 JMPR 认为没有必要制定醚菌酯的 ARfD。基于本次评估的嘧菌酯使用范围，JMPR 认为其残留急性膳食暴露不大可能引起公共健康关注。

二十四、高效氯氟氰菊酯（lambda-cyhalothrin，146）

高效氯氟氰菊酯是一种广泛使用的杀虫剂。1984 年 JMPR 首次将该农药作为新化合物进行了毒理学和残留评估。在此之后，1986 年、1988 年、2008 年及 2015 年 JMPR 对其进行了残留评估。2007 年 JMPR 对其进行了毒理学评估。2019 年 JMPR 对其进行了新用途评估。

1. 残留物定义

高效氯氟氰菊酯在动物源、植物源食品中的监测与评估残留定义均为氯氟氰菊酯（异构体之和）。

2. 标准制定进展

JMPR 未推荐高效氯氟氰菊酯的农药最大残留限量。该农药在我国登记范围包括白菜、茶、大豆、番茄、甘蓝、柑橘、果菜、花生、黄瓜、姜、韭菜、辣椒、梨、荔枝、马铃薯、棉花、苹果、十字花科蔬菜、小麦、油菜、烟草、叶菜、玉米、榛子、豇豆共计 25 种（类），我国制定了该农药 102 项残留限量标准。

3. 膳食摄入风险评估结果

针对高效氯氟氰菊酯长期和急性膳食暴露评估方面，2019 年 JMPR 均未有涉及。

二十五、硝磺草酮（mesotrione，277）

硝磺草酮是一种苯甲酰环己二酮类除草剂。2014 年 JMPR 首次将该农药作为新化合物进行了毒理学和残留评估。在 2018 年 CCPR 第 50 届会议上，硝磺草酮被列入新用途评估农药，2019 年 JMPR 对其进行了新用途评估。

1. 残留物定义

硝磺草酮在动物源、植物源食品中的监测与评估残留定义均为硝磺草酮。

2. 标准制定进展

JMPR 共推荐了硝磺草酮在柑橘类水果、仁果类水果等植物源农产品中的 5 项农药最大残留限量。该农药在我国登记范围包括草坪（早熟禾）、甘蔗、水稻、玉米共计 4 种（类），我国制定了该农药 20 项残留限量标准。

硝磺草酮相关限量标准和登记情况见表 6 - 25 - 1。

表 6 - 25 - 1 硝磺草酮相关限量标准和登记情况

序号	食品类别/名称		JMPR 推荐残留限量标准/（mg/kg）	GB 2763—2021 残留限量标准/（mg/kg）	我国登记情况
1	柑橘类水果	Group of citrus fruit (includes all commodities in this group)	0.01*	无	无
2	仁果类水果	Group of pome fruits (includes all commodities in this group)	0.01*	无	无
3	核果类水果	Group of stone fruits (includes all commodities in this group)	0.01*	无	无

（续）

序号	食品类别/名称		JMPR 推荐残留限量标准/（mg/kg）	GB 2763—2021 残留限量标准/（mg/kg）	我国登记情况
4	树生坚果类	Group of tree nuts (includes all commodities in this group)	0.01*	无	无
5	杏仁壳	Almond hulls	0.04（dw）	无	无

* 方法定量限；dw：以干重计。

我国登记及制定残留限量标准涉及的作物未包括 JMPR 此次评估的作物，同时 JMPR 推荐 ADI 及残留定义与我国一致。

3. 膳食摄入风险评估结果

（1）长期膳食暴露评估：硝磺草酮的 ADI 为 $0\sim0.5$ mg/kg（以体重计）。JMPR 根据 STMR 或 STMR - P 评估了硝磺草酮在 17 簇 GEMS/食品膳食消费类别的 IEDIs。IEDIs 为最大允许摄入量的 0%。基于本次评估的硝磺草酮使用范围，JMPR 认为其残留长期膳食暴露不大可能引起公共健康关注。

（2）急性膳食暴露评估：2014 年 JMPR 认为没有必要制定硝磺草酮的 ARfD。基于本次评估的硝磺草酮使用范围，JMPR 认为其残留急性膳食暴露不大可能引起公共健康关注。

二十六、氰氟虫腙（metaflumizone，236）

氰氟虫腙是一种缩氨基脲类杀虫剂。2009 年 JMPR 首次将该农药作为新化合物进行了毒理学和残留评估。在 2018 年 CCPR 第 50 届会议上，氰氟虫腙被列入新用途评估农药，2019 年 JMPR 对其进行了新用途评估。

1. 残留物定义

氰氟虫腙在动物源、植物源食品中的监测与评估残留定义均为氰氟虫腙、E-异构体和Z-异构体之和。

2. 标准制定进展

JMPR共推荐了氰氟虫腙在苹果、可食用内脏（哺乳动物）等动物源、植物源农产品中的20项农药最大残留限量。该农药在我国登记范围包括白菜、甘蓝、观赏菊花、棉花、水稻共计5种（类），我国制定了该农药15项残留限量标准。

氰氟虫腙相关限量标准和登记情况见表6-26-1。

表6-26-1　氰氟虫腙相关限量标准和登记情况

序号	食品类别/名称		JMPR推荐残留限量标准/(mg/kg)	Codex现有残留限量标准/(mg/kg)	GB 2763—2021残留限量标准/(mg/kg)	我国登记情况
1	苹果	Apple	0.9	无	无	无
2	咖啡豆	Coffee bean	0.15	无	无	无
3	干制葡萄	Dried grapes（＝currants, raisins and sultanas）	13	无	无	无
4	可食用内脏（哺乳动物）	Edible offal (mammalian)	0.02*	0.02* (W)	0.02*［哺乳动物内脏（海洋哺乳动物除外）］	无
5	蛋	Eggs	0.02	无	无	无
6	葡萄	Grape	5	无	无	无
7	柠檬和酸橙亚组（包括圆佛手柑）	Subgroup of lemons and limes	2	无	无	无
8	玉米	Maize	0.04	无	无	无

（续）

序号	食品类别/名称		JMPR 推荐残留限量标准/（mg/kg）	Codex 现有残留限量标准/（mg/kg）	GB 2763—2021残留限量标准/（mg/kg）	我国登记情况
9	哺乳动物脂肪（乳脂除外）	Mammalian fats（except milk fats）	0.6	0.02*（W）	无	无
10	肉（哺乳动物，除海洋哺乳动物）	Meat（from mammals other than marine mammals）	0.02*（fat）	0.02*（W）	0.02*〔哺乳动物肉类（海洋哺乳动物除外），以脂肪中残留量表示〕	无
11	瓜	Melon	1	无	无	无
12	乳脂	Milk fat	0.7	0.02（W）	无	无
13	奶	Milks	0.02	0.01（W）	0.01（生乳）	无
14	可食用橙油	Orange oil, edible	100	无	无	无
15	橙亚组（甜、酸）	Subgroup of orange, sweet, sour	3	无	无	无
16	可食用内脏（家禽）	Edible offal（poultry）	0.02*	无	无	无
17	家禽脂肪	Poultry fats	0.08	无	无	无

（续）

序号	食品类别/名称		JMPR 推荐残留限量标准/(mg/kg)	Codex 现有残留限量标准/(mg/kg)	GB 2763—2021 残留限量标准/(mg/kg)	我国登记情况
18	家禽肉	Poultry meat	0.02*(fat)	无	无	无
19	大豆（干）	Soya bean (dry)	0.2	无	无	无
20	甘蔗	Sugar cane	0.02*	无	无	无

* 方法定量限；W：撤销限量；fat：溶于脂肪。

我国登记及制定残留限量标准涉及的作物未包括 JMPR 此次评估的作物，同时 JMPR 推荐 ADI 及残留定义与我国一致。

3. 膳食摄入风险评估结果

（1）长期膳食暴露评估：氰氟虫腙的 ADI 为 $0 \sim 0.1$ mg/kg（以体重计）。JMPR 根据 STMR 或 STMR-P 评估了氰氟虫腙在 17 簇 GEMS/食品膳食消费类别的 IEDIs。IEDIs 在最大允许摄入量的 1%～4%之间。基于本次评估的氰氟虫腙使用范围，JMPR 认为其残留长期膳食暴露不大可能引起公共健康关注。

（2）急性膳食暴露评估：2009 年 JMPR 认为没有必要制定氰氟虫腙的 ARfD。基于本次评估氰氟虫腙使用范围，JMPR 认为其残留急性膳食暴露不大可能引起公共健康关注。

二十七、烯虫酯（methoprene，147）

烯虫酯是一种昆虫生长调节剂。1984 年 JMPR 首次将该农药作为新化合物进行了毒理学和残留评估。在此之后，1986 年、1988 年、1989 年、2005 年及 2016 年 JMPR 对其进行了残留评估。1987 年及 2001 年 JMPR 对其进行了毒理学评估。2019 年 JMPR 对烯虫酯开展了新用途评估，新增部分限量标准。

1. 残留物定义

烯虫酯在植物源、动物源食品中的监测与评估残留定义均为烯虫酯。

2. 标准制定进展

JMPR 共推荐了烯虫酯在花生（整果）中的 1 项农药最大残留限量。该农药在我国尚未登记，我国制定了该农药的 4 项残留限量标准。烯虫酯相关限量标准及登记情况见表 6 - 27 - 1。

表 6 - 27 - 1　烯虫酯相关限量标准及登记情况

序号	食品类别/名称		JMPR 推荐残留限量标准/（mg/kg）	GB 2763—2021 残留限量标准/（mg/kg）	我国登记情况
1	花生（整果）	Peanut，whole	5（Po）	无	无

Po：适用于收获后处理。

烯虫酯在我国登记作物未包括 JMPR 此次评估的作物，JMPR 推荐 ADI 及残留定义与我国基本一致。

3. 膳食风险评估结果

（1）长期膳食暴露评估：烯虫酯的 ADI 为 $0 \sim 0.05$ mg/kg（以体重计）。JMPR 根据 STMR 或 STMR - P 评估了烯虫酯在 17 簇 GEMS/食品膳食消费类别的 IEDIs。IEDIs 在最大允许摄入量的 $10\% \sim 60\%$ 之间，基于本次评估的烯虫酯使用范围，JMPR 认为其残留长期膳食暴露不大可能引起公共健康关注。

（2）急性膳食暴露评估：2001 年 JMPR 认为没有必要制定烯虫酯的 ARfD。基于本次评估的烯虫酯使用范围，JMPR 认为其残留急性膳食暴露不大可能引起公共健康关注。

二十八、二甲戊灵（pendimethalin，292）

二甲戊灵是一种分生组织抑制型除草剂，能干扰植物细胞有丝分裂。2016 年，JMPR 首次将该农药作为新化合物进行了毒理学和残留评估，2019 年 JMPR 对二甲戊灵开展了新用途评估，新增部分限量标准。

1. 残留物定义

二甲戊灵在植物源食品中的监测与评估残留定义均为二甲戊灵。

2. 标准制定进展

JMPR 共推荐了二甲戊灵在藤蔓浆果亚组、灌木浆果亚组等植物源食品中的 5 项农药最大残留限量。该农药在我国登记范围包括白菜、大豆、大蒜、甘蓝、花生、姜、韭菜、马铃薯、棉花、金叶女贞、水稻、玉米、烟草、洋葱共计 14 种（类），我国制定了该农药 39 项残留限量标准。

二甲戊灵相关限量标准及登记情况见表 6-28-1。

表 6-28-1 二甲戊灵相关限量标准及登记情况

序号	食品类别/名称		JMPR 推荐残留限量标准/（mg/kg）	GB 2763—2021 残留限量标准/（mg/kg）	我国登记情况
1	藤蔓浆果亚组	Subgroup of cane berries（includes all commodities in this subgroup）	0.05*	无	无
2	灌木浆果亚组	Subgroup of bush berries（includes all commodities in this subgroup）	0.05*	无	无
3	薄荷	Mints	0.2	无	无
4	可食用薄荷油	Peppermint oil，edible	6	无	无
5	草莓	Strawberries	0.05*	无	无

* 方法定量限。

二甲戊灵在我国登记作物未包括 JMPR 此次评估的作物，且未制定此次评估作物的 MRL；同时 JMPR 推荐 ADI 及残留定义与我国一致。

3. 膳食风险评估结果

（1）长期膳食暴露评估：二甲戊灵的 ADI 为 0～0.1 mg/kg（以体重计）。JMPR 根据 STMR 或 STMR－P 评估了二甲戊灵在 17 簇 GEMS/食品膳食消费类别的 IEDIs。IEDIs 为最大允许摄入量的 0%，基于本次评估的二甲戊灵使用范围，JMPR 认为其残留长期膳食暴露不大可能引起公共健康关注。

（2）急性膳食暴露评估：二甲戊灵的 ARfD 为 1 mg/kg（以体重计）。JMPR 根据本次评估的 HRs/HR－Ps 或者 STMRs/STMR－Ps 数据和现有的食品消费数据，计算了 IESTIs。对于儿童和一般人群的 IESTIs 为 ARfD 的 0%。基于本次评估的二甲戊灵使用范围，JMPR 认为其残留急性膳食暴露不大可能引起公共健康关注。

二十九、吡噻菌胺（penthiopyrad，253）

吡噻菌胺是一种用于防治叶面和土传病害的琥珀酸脱氢酶抑制剂类杀菌剂。2011 年，JMPR 首次对其进行了毒理学评估，2012 年和 2013 年，JMPR 对吡噻菌胺进行了残留评估。2019 年，根据和蓝莓的规范残留试验和 GAP 资料，JMPR 对吡噻菌胺进行了新用途评估。

1. 残留物定义

吡噻菌胺在植物源食品中的监测残留定义为吡噻菌胺。

吡噻菌胺在动植物源食品中的评估残留定义及在动物源食品中的监测残留定义均为吡噻菌胺与 1-甲基-3-(三氟甲基)-1T-吡唑-4-甲酰胺（PAM）之和，以吡噻菌胺表示。

2. 标准制定进展

JMPR 共推荐了吡噻菌胺在藤蔓浆果亚组、灌木浆果亚组等植物源农产品中的 4 项农药最大残留限量。吡噻菌胺在我国登记范围包括黄瓜、葡萄共计 2 种（类），我国制定了该农药 43 项残留限量标准。

吡噻菌胺相关限量标准及登记情况见表 6 - 29 - 1。

表 6 - 29 - 1　吡噻菌胺相关限量标准及登记情况

序号	食品类别/名称		JMPR 推荐残留标准限量/（mg/kg）	GB 2763—2021 残留标准限量/（mg/kg）	我国登记情况
1	藤蔓浆果亚组	Subgroup of cane berries	10	无	无
2	灌木浆果亚组	Subgroup of bush berries	7	无	无
3	接骨木果	Elderberries	7	无	无
4	绣球花	Guelder rose	7	无	无

我国登记及制定残留限量标准涉及的作物未包括 JMPR 此次评估的作物。

3. 膳食风险评估结果

（1）长期膳食暴露评估：吡噻菌胺的 ADI 为 0～0.1 mg/kg（以体重计），JMPR 根据 STMR 或者 STMR - P 评估了 17 簇 GEMS/食品膳食消费类别的 IEDIs。IEDIs 在最大 ADI 的 1%～8%之间。基于本次评估的吡噻菌胺使用范围，JMPR 认为其残留长期膳食暴露不大可能引起公共健康关注。

（2）急性膳食暴露评估：吡噻菌胺的 ARfD 为 1 mg/kg（以体重计），JMPR 根据本次评估的 HRs/HR - Ps 或者 STMRs/STMR- Ps 数据和现有的食品消费数据，计算了 IESTIs。对于儿童和普通人群，IESTIs 在 ARfD 的 0%～5%之间。基于本次评估的吡噻菌胺使用范围，认为其残留急性膳食暴露不大可能引起公共健康关注。

三十、啶氧菌酯（picoxystrobin，258）

啶氧菌酯是一种被广泛使用的甲氧基丙烯酸酯类内吸性杀菌剂。2012 年 JMPR 对其进行了毒理学评估。2017 年 JMPR 对其进行了残留评估，2019 年 JMPR 对啶氧菌酯进行了新用途评估。

1. 残留物定义

啶氧菌酯在动物源、植物源食品中的监测与评估残留定义均为啶氧菌酯。

2. 标准制定进展

JMPR 共推荐了啶氧菌酯在高粱、奶等动植物源食品中的 10 项农药最大残留限量。该农药在我国登记范围包括茶、番茄、花生、黄瓜、辣椒、芒果、葡萄、水稻、铁皮石斛、西瓜、香蕉、小麦、枣共计 13 种（类）。我国制定了该农药 23 项残留限量标准。

啶氧菌酯相关限量标准及登记情况见表 6-30-1。

表 6-30-1　啶氧菌酯相关限量标准及登记情况

序号	食品类别/名称		JMPR 推荐残留限量标准/（mg/kg）	GB 2763—2021 残留限量标准/（mg/kg）	我国登记情况
1	高粱	Sorghum grain	无	无	无
2	棉籽	Cotton seed	无	无	无
3	咖啡豆	Coffee bean	无	无	无
4	茶叶	Tea，green，black（black，fermented and dried）	无	20（茶叶）	茶树
5	可食用内脏（哺乳动物）	Edible offal（mammalian）	0.02	无	无
6	哺乳动物脂肪（乳脂除外）	Mammalian fats（except milk fats）	0.02	无	无

（续）

序号	食品类别/名称		JMPR 推荐残留限量标准/（mg/kg）	GB 2763—2021 残留限量标准/（mg/kg）	我国登记情况
7	肉（哺乳动物，除海洋哺乳动物）	Meat（from mammals other than marine mammals）	0.02（fat）	无	无
8	奶	Milks	0.01*	无	无
9	苜蓿饲料	Alfalfa fodder	无	无	无
10	高粱秸秆（干）	Sorghum straw and fodder，dry	无	无	无

* 方法定量限；fat：溶于脂肪。

啶氧菌酯在我国已登记于茶树，JMPR 此次拟新建立茶叶上的 MRL 为 15 mg/kg，严于我国制定的茶叶 MRL 为 20 mg/kg。

3. 膳食风险评估结果

（1）长期膳食暴露评估：啶氧菌酯的 ADI 为 0～0.09 mg/kg（以体重计），JMPR 根据 STMR 或 STMR - P 评估了啶氧菌酯在 17 簇 GEMS/食品膳食消费类别的 IEDIs。IEDIs 在最大 ADI 的 0%～0.2%之间。基于本次评估的啶氧菌酯使用范围，JMPR 认为其残留的长期膳食暴露不大可能引起公共健康关注。

（2）急性膳食暴露评估：啶氧菌酯的 ARfD 为 0.09 mg/kg（以体重计），JMPR 根据本次评估的 HRs/HR - Ps 或者 STMRs/STMR - Ps 数据和现有的食品消费数据，计算了 IESTIs。对于儿童和普通人群，IESTIs 在 ARfD 的 0%～2%之间。基于本次评估的啶氧菌酯使用范围，JMPR 认为其急性膳食暴露不大可能引起公共健康关注。

三十一、氟唑菌酰羟胺（pydiflumetofen，309）

氟唑菌酰羟胺是一种新型吡唑酰胺类杀菌剂。2018 年 JMPR

首次将该农药作为新化合物进行了毒理学和残留评估。在 2018 年 CCPR 第 50 届会议上，氟唑菌酰羟胺被列为新增限量标准农药。2019 年 JMPR 对氟唑菌酰羟胺进行了新用途评估。JMPR 制定氟唑菌酰羟胺 ADI 为 0～0.1 mg/kg（以体重计），制定 ARfD 为 0.3 mg/kg（以体重计）。

1. 残留物定义

氟唑菌酰羟胺在植物源、动物源食品中的监测残留定义及其在植物源食品中的评估残留定义均为氟唑菌酰羟胺。

氟唑菌酰羟胺在动物源食品（除哺乳动物肝肾以外）中的评估残留定义为氟唑菌酰羟胺、2,4,6-三氯苯酚（2,4,6-TCP）及其轭合物之和，以氟唑菌酰羟胺表示。

氟唑菌酰羟胺在哺乳动物肝肾中的评估残留定义为氟唑菌酰羟胺、2,4,6-三氯苯酚（2,4,6-TCP）及其轭合物、3-（二氟甲基）-N-甲氧基-1-甲基-N-[1-甲基-2-(2,4,6-三氯-3-羟基-苯基)乙基] 吡唑-4-甲酰胺（SYN 547897）及其轭合物之和，以氟唑菌酰羟胺表示。

2. 标准制定情况

JMPR 共推荐了氟唑菌酰羟胺在棉籽、蛋等动植物源食品中的 51 项农药最大残留限量。该农药在我国登记范围包括黄瓜、西瓜、小麦、油菜共计 4 种（类）。我国尚未制定相关残留限量标准。

氟唑菌酰羟胺相关限量标准及登记情况见表 6-31-1。

表 6-31-1　氟唑菌酰羟胺相关限量标准及登记情况

序号	食品类别/名称		JMPR 推荐残留限量标准/（mg/kg）	GB 2763—2021 残留限量标准/（mg/kg）	我国登记情况
1	大麦亚组（类似的谷物和没有外壳的假谷物）	Subgroup of barley, similar grains and pseud-ocereals without husks	3	无	无

（续）

序号	食品类别/名称		JMPR 推荐残留限量标准/（mg/kg）	GB 2763—2021 残留限量标准/（mg/kg）	我国登记情况
2	大麦秸秆（干）	Barley straw and fodder, dry	50（dw）	无	无
3	芸薹属蔬菜（芸薹属叶菜除外）	Group of *Brassica* vegetables（except *Brassica* leafy vegetables）	0.1	无	无
4	棉籽	Cotton seed	0.3	无	无
5	干豆类亚组	Subgroup of dry beans	0.4	无	无
6	干豌豆亚组	Subgroup of dry peas	0.4	无	无
7	可食用内脏（哺乳动物）	Edible offal（mammalian）	0.1	无	无
8	蛋	Eggs	0.02	无	无
9	葫芦科果菜类蔬菜	Group of fruiting vegetables, Cucurbits	0.4	无	无
10	果菜类蔬菜（葫芦科除外，角胡麻、秋葵和玫瑰茄除外）	Group of fruiting vegetables（other than Cucurbits, except martynia, okra and roselle）	0.5	无	黄瓜
11	绿叶蔬菜亚组	Subgroup of leafy greens	40	无	无
12	十字花科叶菜亚组	Subgroup of leaves of Brassicaceae	0.1	无	无
13	块根茎类叶菜亚组（块茎蔬菜的叶除外）	Subgroup of leaves of root and tuber vegetables（except leaves of tuber vegetables）	0.07	无	无

（续）

序号	食品类别/名称		JMPR 推荐残留限量标准/（mg/kg）	GB 2763—2021 残留限量标准/（mg/kg）	我国登记情况
14	豆类动物饲料	Legume animal feeds	30（dw）	无	无
15	豆类蔬菜	Group of legume vegetables	0.02	无	无
16	玉米亚组	Subgroup of maize cereals	0.04	无	无
17	玉米面粉	Maize flour	0.07	无	无
18	玉米秸秆（干）	Maize fodder, dry	18（dw）	无	无
19	可食用玉米油	Maize oil, edible	0.08	无	无
20	角胡麻	Martynia	0.02	无	无
21	哺乳动物脂肪（乳脂除外）	Mammalian fats (except milk fats)	0.1	无	无
22	肉（哺乳动物，除海洋哺乳动物）	Meat (from mammals other than marine mammals)	0.1（fat）	无	无
23	奶	Milks	0.01*	无	无
24	小米秸秆（干）	Millet fodder, dry	0.3（dw）	无	无
25	燕麦秸秆（干）	Oat straw and fodder, dry	50（dw）	无	无
26	秋葵	Okra	0.02	无	无
27	花生	Peanut	0.05	无	无
28	可食用花生油	Peanut oil, edible	0.15	无	无
29	红辣椒（干）	Peppers, chili, dried	5	无	无
30	干制土豆	Dried potato	0.5	无	无

（续）

序号	食品类别/名称		JMPR推荐残留限量标准/（mg/kg）	GB 2763—2021残留限量标准/（mg/kg）	我国登记情况
31	可食用内脏（家禽）	Edible offal（poultry）	0.01*	无	无
32	家禽脂肪	Poultry fats	0.01*	无	无
33	家禽肉	Poultry meat	0.01*	无	无
34	稻米谷物亚组	Subgroup of rice cereals	0.03	无	无
35	稻秸秆（干）	Rice straw and fodder，dry	0.3（dw）	无	无
36	根茎类蔬菜亚组	Subgroup of root vegetables	0.1	无	无
37	玫瑰茄	Roselle	0.02	无	无
38	黑麦秸秆（干）	Rye straw and fodder，dry	50（dw）	无	无
39	小油料种子亚组	Subgroup of small seed oilseeds	0.9	无	无
40	高粱谷物及粟稷亚组	Subgroup of sorghum grain and millet	0.03	无	无
41	高粱秸秆（干）	Sorghum straw and fodder，dry	0.3（dw）	无	无
42	叶柄茎亚组	Subgroup of stems and petioles	15	无	无
43	向日葵种子亚组	Subgroup of sunflower seeds	0.3	无	无
44	甜玉米亚组	Subgroup of sweet corns	0.03	无	无
45	干制番茄	Dried tomato	7	无	无
46	杂交麦秸秆（干）	Triticale straw and fodder，dry	50（dw）	无	无

（续）

序号	食品类别/名称		JMPR 推荐残留限量标准/（mg/kg）	GB 2763—2021 残留限量标准/（mg/kg）	我国登记情况
47	茎类和球茎类蔬菜亚组	Subgroup of tuberous and corm vegetables	0.1	无	无
48	麦麸（加工）	Wheat bran, processed	1	无	小麦
49	小麦胚芽	Wheat germ	0.6	无	小麦
50	小麦亚组（类似的谷物和没有外壳的假谷物）	Subgroup of wheat, similar grains and pseudo-cereals without husks	0.4	无	小麦
51	小麦秸秆（干）	Wheat straw and fodder, dry	50（dw）	无	小麦

* 方法定量限；dw：以干重计；fat：溶于脂肪。

氟唑菌酰羟胺在我国已登记于黄瓜、小麦，且 JMPR 此次拟新建立果菜类蔬菜（葫芦科除外，角胡麻、秋葵和玫瑰茄除外）MRL 为 0.5 mg/kg、麦麸（加工）MRL 为 1 mg/kg、小麦胚芽 MRL 为 0.6 mg/kg、小麦亚组（去壳似谷及伪谷物）MRL 为 0.4 mg/kg、小麦秸秆（干）MRL 为 50 mg/kg（以干重计），为我国制定相关限量提供了参考。

3. 膳食摄入风险评估结果

（1）长期膳食暴露评估：氟唑菌酰羟胺的 ADI 为 0～0.1 mg/kg（以体重计）。JMPR 根据 STMR 或者 STMR－P 评估了 17 簇 GEMS/食品膳食消费类别的 IEDIs。IEDIs 在最大允许摄入量的 1%～20% 之间。基于本次评估的氟唑菌酰羟胺使用范围，JMPR 认为其残留长期膳食暴露不大可能引起公共健康关注。

（2）急性膳食暴露评估：氟唑菌酰羟胺的 ARfD 为 0.3 mg/kg

（以体重计）。根据本次评估的 HRs/HR-Ps 或者 STMRs/STMR-Ps 和现有的食品和加工食品消费数据，计算了 IESTIs。除菠菜（在荷兰儿童中为 140%）、生菜（在中国儿童中为 350%）和苦苣（在荷兰儿童中为 230%）外，氟唑菌酰羟胺的 IESTIs 低于 ARfD。基于本次评估的氟唑菌酰羟胺使用范围，JMPR 认为其残留急性膳食暴露不大可能引起公共健康关注。

三十二、甲氧苯碇菌酮（pyriofenone，310）

甲氧苯碇菌酮是一种二苯酮类新型杀菌剂。2018 年 JMPR 首次对该农药进行了毒理学和残留评估。在 2018 年 CCPR 第 50 届会议上，甲氧苯碇菌酮被列入新增限量标准农药，2019 年 JMPR 对甲氧苯碇菌酮进行了新用途评估。JMPR 制定甲氧苯碇菌酮 ADI 为 0~0.09 mg/kg（以体重计），未制定 ARfD。

1. 残留物定义

甲氧苯碇菌酮在植物源、动物源食品中的监测与评估残留定义均为甲氧苯碇菌酮。

2. 标准制定情况

JMPR 共推荐了甲氧苯碇菌酮在哺乳动物脂肪（乳脂除外）、奶等动物源农产品中的 8 项农药最大残留量。该农药在我国尚未登记，且未制定相关残留限量标准。

甲氧苯碇菌酮相关限量标准及登记情况见表 6-32-1。

表 6-32-1　甲氧苯碇菌酮相关限量标准及登记情况

序号	食品类别/名称		JMPR 推荐残留限量标准/（mg/kg）	GB 2763—2021 残留限量标准/（mg/kg）	我国登记情况
1	哺乳动物脂肪（乳脂除外）	Mammalian fats (except milk fats)	0.01*	无	无
2	奶	Milks	0.01*	无	无

（续）

序号	食品类别/名称		JMPR 推荐残留限量标准/（mg/kg）	GB 2763—2021 残留限量标准/（mg/kg）	我国登记情况
3	肉（哺乳动物，除海洋哺乳动物）	Meat（from mammals other than marine mammals）	0.01*	无	无
4	可食用内脏（哺乳动物）	Edible offal（mammalian）	0.01*	无	无
5	蛋	Eggs	0.01*	无	无
6	家禽脂肪	Poultry fats	0.01*	无	无
7	家禽肉	Poultry meat	0.01*	无	无
8	可食用内脏（家禽）	Edible offal（poultry）	0.01*	无	无

* 方法定量限。

3. 膳食摄入风险评估结果

（1）长期膳食暴露评估：2018 年 JMPR 制定甲氧苯碇菌酮的 ADI 为 0～0.09 mg/kg（以体重计），IEDIs 为 ADI 最大值的0%～0.5%之间。由于 JMPR 本次未推荐植物源食品中的 MRL，且动物源食品对制定植物源食品 MRL 无参考价值，因此 IEDIs 保持不变。基于本次评估的甲氧苯碇菌酮使用范围，JMPR 认为其残留长期膳食暴露不大可能引起公共健康关注。

（2）急性膳食暴露评估：2018 年 JMPR 认为没有必要制定甲氧苯碇菌酮的 ARfD。基于本次评估的甲氧苯碇菌酮使用范围，JMPR 认为其残留急性膳食暴露不大可能引起公共健康关注。

三十三、吡丙醚（pyriproxyfen, 200）

吡丙醚是一种昆虫生长调节剂类杀虫剂。1999 年 JMPR 首次

将该农药作为新化合物进行了毒理学和残留评估。在此之后，2000
年及 2018 年 JMPR 对其进行了残留评估。2001 年 JMPR 对其进行
了毒理学评估。2019 年 JMPR 对吡丙醚进行了新用途评估。

1. 残留物定义

吡丙醚在动物源、植物源性食品中的监测与评估残留定义均为
吡丙醚。

2. 标准制定进展

JMPR 共推荐了吡丙醚在芒果中的 1 项农药最大残留限量。该
农药在我国登记范围包括番茄、甘蓝、柑橘树、黄瓜、姜、枣树共
计 6 种（类），我国制定了该农药 15 项残留限量标准。

吡丙醚相关限量标准及登记情况见表 6 - 33 - 1。

表 6 - 33 - 1 吡丙醚相关限量标准及登记情况

序号	食品类别/名称		JMPR 推荐残留限量标准/(mg/kg)	Codex 现有残留限量标准/(mg/kg)	GB 2763—2021残留限量标准/(mg/kg)	我国登记情况
1	芒果	Mango	0.02*	无	无	无

* 方法定量限。

我国登记及制定残留限量标准涉及的作物未包括 JMPR 此次
评估的作物。

3. 膳食摄入风险评估结果

（1）长期膳食暴露评估：吡丙醚的 ADI 为 0～0.1 mg/kg（以
体重计）。JMPR 根据 STMR 或 STMR - P 评估了吡丙醚在 17 簇
GEMS/食品膳食消费类别的 IEDIs。IEDIs 在最大允许摄入量的
0%～1%之间。基于本次评估的吡丙醚使用范围，JMPR 认为其残
留长期膳食暴露不大可能引起公共健康关注。

（2）急性膳食暴露评估：1999 年 JMPR 认为没有必要制定吡
丙醚的 ARfD。基于本次评估的吡丙醚使用范围，JMPR 认为其残
留急性膳食暴露不大可能引起公共健康关注。

三十四、螺虫乙酯（spirotetramat，234）

螺虫乙酯是一种季酮酸酯类化合物杀虫剂。2008年JMPR首次将该农药作为新化合物进行了毒理学和残留评估。2011年、2012年、2013年及2015年JMPR对其进行了残留评估。2019年JMPR对螺虫乙酯进行了新用途评估。

1. 残留物定义

螺虫乙酯在动物源、植物源食品中的监测残留定义及其在动物源食品中的评估残留定义均为螺虫乙酯及其烯醇类代谢产物3-(2，5-二甲基苯基)-4-羟基-8-甲氧基-1-氮杂螺［4,5］十-3-烯-2-酮，以螺虫乙酯表示。

螺虫乙酯在植物源食品中的评估残留定义均为螺虫乙酯、烯醇类代谢产物3-(2,5-二甲基苯基)-4-羟基-8-甲氧基-1-氮杂螺［4,5］十-3-烯-2-酮、酮羟基代谢物3-(2,5-二甲基苯基)-3-羟基-8-甲氧基-1-氮杂螺［4,5］癸烷-2,4-二酮、一羟基代谢物顺式-3-(2,5-二甲基苯基)-4-羟基-8-甲氧基-1-氮杂螺［4，5］癸-2-酮、3-(2,5-二甲基苯基)-4-羟基-8-甲氧基-1-氮杂螺［4,5］十-3-烯-2-酮，以螺虫乙酯表示。

2. 标准制定进展

JMPR共推荐了螺虫乙酯在胡萝卜、草莓等植物源食品中的5项农药最大残留限量。该农药在我国登记范围包括番茄、甘蓝、柑橘树、观赏菊花、黄瓜、辣椒、梨树、苹果树、蔷薇科观赏花卉、西瓜共计10种（类），我国制定了该农药61项残留限量标准。

螺虫乙酯相关限量标准及登记情况见表6-34-1。

表6-34-1　螺虫乙酯相关限量标准及登记情况

序号	食品类别/名称		JMPR推荐残留限量标准/（mg/kg）	GB 2763—2021残留限量标准/（mg/kg）	我国登记情况
1	胡萝卜	Carrot	0.04	无	无

（续）

序号	食品类别/名称		JMPR 推荐残留限量标准/(mg/kg)	GB 2763—2021 残留限量标准/(mg/kg)	我国登记情况
2	草莓	Strawberries	0.3	1.5*[浆果和其他小型水果（越橘、葡萄、猕猴桃除外）]	无
3	糖用甜菜根	Sugar beet	0.06	无	无
4	糖用甜菜叶或顶部（干）	Sugar beet leaves or tops (dry)	8 (dw)	无	无
5	糖用甜菜糖浆	Sugar beet molasses	0.3	无	无

* 临时限量；dw：以干重计。

我国登记及制定残留限量标准涉及的作物未包括 JMPR 此次评估的作物。

3. 膳食摄入风险评估结果

（1）长期膳食暴露评估：螺虫乙酯的 ADI 为 0～0.05 mg/kg（以体重计）。JMPR 根据 STMR 或 STMR‑P 评估了螺虫乙酯在 17 簇 GEMS/食品膳食消费类别的 IEDIs。IEDIs 在最大允许摄入量的 2%～20% 之间。基于本次评估的螺虫乙酯使用范围，JMPR 认为其残留长期膳食暴露不大可能引起公共健康关注。

（2）急性膳食暴露评估：螺虫乙酯的 ARfD 为 1 mg/kg（以体重计）。JMPR 根据本次评估的 HRs/HR‑Ps 或者 STMRs/STMR‑Ps 数据和现有的食品消费数据，计算了 IESTIs。对于儿童和普通人群，IESTIs 为 ARfD 的 0%。基于本次评估的螺虫乙酯的使用范围，JMPR 认为其残留急性膳食暴露不大可能引起公共健康关注。

三十五、戊唑醇（tebuconazole，189）

戊唑醇是一种高效、广谱、内吸性三唑类杀菌剂。1994年JMPR首次将该农药作为新化合物进行了毒理学和残留评估。在此之后，1997年、2008年、2011年、2015年及2017年JMPR对其进行了残留评估。2010年JMPR对其进行了毒理学评估。2019年JMPR对戊唑醇进行了新用途评估。

1. 残留物定义

戊唑醇在动物源、植物源食品中的监测与评估残留定义均为戊唑醇。

2. 标准制定进展

JMPR共推荐了戊唑醇在干制柑橘果肉、可食用橙油等植物源食品中的4项农药最大残留限量。该农药在我国登记范围包括草坪、草莓、大白菜、冬枣、番茄、柑橘树、高粱、花生、黄瓜、苦瓜、辣椒、梨树、马铃薯、棉花、苹果、葡萄、蔷薇科观赏花卉、水稻、桃树、西瓜、香蕉、小麦、烟草、玉米、枇杷、枸杞共计26种（类），我国制定了该农药73项残留限量标准。

戊唑醇相关限量标准及登记情况见表6-35-1。

表6-35-1 戊唑醇相关限量标准及登记情况

序号	食品类别/名称		JMPR推荐残留限量标准/（mg/kg）	GB 2763—2021残留限量标准/（mg/kg）	我国登记情况
1	干制柑橘果肉	Citrus pulp, dry	3（dw）	无	柑橘
2	柑橘亚组（包括类似柑橘的杂交品种）	Subgroup of mandarins (including mandarin-like hybrids) (including all commodities in this subgroup)	0.7（Po）	2（柑）2（橘）	柑橘

（续）

序号	食品类别/名称		JMPR 推荐残留限量标准/（mg/kg）	GB 2763—2021 残留限量标准/（mg/kg）	我国登记情况
3	可食用橙油	Orange oil，edible	10	无	柑橘
4	橙亚组（甜、酸）	Subgroup of oranges，sweet，sour（includes all commodities in this subgroup）	0.4（Po）	2（橙）	柑橘

dw：以干重计；Po：适用于收获后处理。

戊唑醇在我国已登记于柑橘，JMPR 此次新建立的干制柑橘果肉 MRL 为 3 mg/kg（以干重计），可食用橙油 MRL 为 10 mg/kg，我国尚未制定干制柑橘果肉、可食用橙油等商品的总残留限量标准；JMPR 此次根据西班牙的柑橘类水果残留试验数据，新推荐了戊唑醇在柑橘（包括类似柑橘的杂交品种）中 MRL 为 0.7 mg/kg（适用于收获后处理），严于我国制定的橘 2 mg/kg；新推荐了戊唑醇在橙亚组（甜、酸）中的 MRL 为 0.7 mg/kg，严于我国制定的橙 2 mg/kg。

3. 膳食摄入风险评估结果

（1）长期膳食暴露评估：戊唑醇的 ADI 为 0～0.03 mg/kg（以体重计）。JMPR 根据 STMR 或 STMR - P 评估了戊唑醇在 17 簇 GEMS/食品膳食消费类别的 IEDIs。IEDIs 在最大允许摄入量的 1%～5% 之间。基于本次评估的戊唑醇使用范围，JMPR 认为其残留长期膳食暴露不大可能引起公共健康关注。

（2）急性膳食暴露评估：戊唑醇的 ARfD 为 0.3 mg/kg（以体重计）。JMPR 根据本次评估的 HRs/HR - Ps 或者 STMRs/STMR - Ps 数据和现有的食品消费数据，计算了 IESTIs。对于儿童 IESTIs 在 ARfD 的 0%～1% 之间，对于普通人群为 0%。基于本次评估的戊唑醇使用范围，JMPR 认为其残留急性膳食暴露不大可能引起公共健康关注。

三十六、噻菌灵（thiabendazole，65）

噻菌灵是一种苯咪唑类杀菌剂。1970年JMPR首次将该农药作为新化合物进行了毒理学和残留评估。1971年、1972年、1975年、1977年、1979年、1981年、1997年、2000年及2006年，JMPR对其进行了残留评估。1977年及2006年，JMPR对其进行了毒理学评估。在2018年CCPR第50届会议上，噻菌灵被列入新用途评估农药。2019年JMPR对噻菌灵进行了新用途评估。

1. 残留物定义

噻菌灵在植物源食品中的监测与评估残留定义均为噻菌灵。

噻菌灵在动物源食品中的监测残留定义为噻菌灵与5-羟基噻菌灵之和。

噻菌灵在动物源食品中的评估残留定义为噻菌灵、5-羟基噻菌灵及其硫酸盐轭合物之和。

2. 标准制定进展

JMPR共推荐了噻菌灵在具荚豆类、干豆亚组等植物源食品中的8项农药最大残留限量。该农药在我国登记范围包括柑橘、蘑菇、苹果、葡萄、香蕉、玉米共计6种（类），我国制定了该农药20项残留限量标准。

噻菌灵相关限量标准及登记情况见表6-36-1。

表6-36-1 噻菌灵相关限量标准及登记情况

序号	食品类别/名称		JMPR推荐残留限量标准/ (mg/kg)	Codex现有残留限量标准/ (mg/kg)	GB 2763—2021残留限量标准/ (mg/kg)	我国登记情况
1	具荚豆类	Beans with pods	0.01*	无	无	无
2	干豆亚组	Subgroup of dry beans (includes all commodities in this subgroup)	0.01*	无	无	无

（续）

序号	食品类别/名称		JMPR 推荐残留限量标准/（mg/kg）	Codex 现有残留限量标准/（mg/kg）	GB 2763 —2021 残留限量标准/（mg/kg）	我国登记情况
3	干豌豆亚组	Subgroup of dry peas （includes all commodities in this subgroup）	0.01*	无	无	无
4	芒果	Mango	7 （Po）	5 （Po）	5	无
5	具荚豌豆类亚组	Subgroup of peas with pods （includes all commodities in this subgroup）	0.01*	无	无	无
6	无荚嫩豆亚组	Subgroup of succulent beans without pods （includes all commodities in this subgroup）	0.01*	无	无	无
7	无荚嫩豌豆亚组	Subgroup of succulent peas without pods （includes all commodities in this subgroup）	0.01*	无	无	无
8	甘薯	Sweet potato	9 （Po）	无	无	无

* 方法定量限；Po：适用于收获后处理。

　　我国登记及制定残留限量标准涉及的作物未包括 JMPR 此次评估的作物，同时 JMPR 推荐 ADI 及残留定义与我国一致。

3. 膳食摄入风险评估结果

（1）长期膳食暴露评估：噻菌灵的 ADI 为 0～0.1 mg/kg（以

体重计）。JMPR 根据 STMR 或 STMR - P 评估了噻菌灵在 17 簇
GEMS/食品膳食消费类别的 IEDIs。IEDIs 在最大允许摄入量的
2%～10%之间。基于本次评估的噻菌灵使用范围，JMPR 认为其
残留长期膳食暴露不大可能引起公共健康关注。

（2）急性膳食暴露评估：噻菌灵对普通人群的 ARfD 为 1 mg/kg
（以体重计），对育龄妇女为 0.3 mg/kg（以体重计）。JMPR 根据
本次评估的 HRs/HR - Ps 或者 STMRs/STMR - Ps 数据和现有的
食品消费数据，计算了 IESTIs。对于儿童，IESTIs 在 ARfD 的
0%～20%之间，对于普通人群为 0%～7%之间，对于育龄妇女在
0%～9%之间。基于本次评估的噻菌灵使用范围，JMPR 认为其残
留急性膳食暴露不大可能引起公共健康关注。

三十七、唑虫酰胺（tolfenpyrad，269）

唑虫酰胺是一种吡唑类杀虫剂。2013 年 JMPR 首次将该农药
作为新化合物进行了毒理学和残留评估。2016 年 JMPR 对其进行
了残留评估。2019 年 JMPR 对唑虫酰胺开展了新用途评估，新增
部分限量标准。

1. 残留物定义

唑虫酰胺在植物源食品中的监测与评估残留定义均为唑虫
酰胺。

唑虫酰胺在动物源食品中的监测与评估残留定义均为唑虫酰
胺、4 -{4 -[（4 -氯 - 3 -乙基 - 1 -甲基吡唑 - 5 -基）羰基氨基甲基]
苯氧基}苯甲酸（游离态和共轭态的 PT - CA）、羟基 - PT - CA
[4 -（4 -{[4 -氯 - 3（1 -羟乙基）- 1 -甲基吡唑 - 5 -基]羰基氨基甲
基}苯氧基]苯甲酸]（碱水解物）之和，以唑虫酰胺表示。

2. 标准制定进展

JMPR 共推荐了唑虫酰胺在球茎洋葱亚组、奶等动植物源食品
中的 19 项农药最大残留限量。该农药在我国登记范围仅包括甘蓝
1 种（类），我国制定了该农药 6 项残留限量标准。

唑虫酰胺相关限量标准及登记情况见表6-37-1。

表6-37-1 唑虫酰胺相关限量标准及登记情况

序号	食品类别/名称		JMPR推荐残留限量标准/（mg/kg）	GB 2763—2021残留限量标准/（mg/kg）	我国登记情况
1	柠檬和酸橙亚组	Subgroup of lemons and Limes	0.9	无	无
2	柑橘亚组	Subgroup of mandarins	0.9	无	无
3	橙亚组（甜、酸）	Subgroup of oranges, sweet, sour	0.6	无	无
4	柚子和葡萄柚亚组	Subgroup of pummelo and grapefruits	0.6	无	无
5	球茎洋葱亚组	Subgroup of bulb onions	0.09	无	无
6	番茄亚组	Subgroup of tomatoes	0.7	无	无
7	辣椒亚组（秋葵、角胡麻和玫瑰茄除外）	Subgroup of peppers (except okra, martynia and roselle)	0.5	无	无
8	茄子亚组	Subgroup of eggplants	0.7	0.5（茄子）	无
9	柑橘渣（干）	Citrus pulp (dry)	6	无	无
10	柑橘香精油，可食	Citrus oil, edible	80	无	无
11	红辣椒（干）	Peppers chili (dry)	5	无	无
12	奶	Milks	0.01*	无	无
13	哺乳动物脂肪（乳脂除外）	Mammalian fats (except milk fats)	0.01*	无	无

（续）

序号	食品类别/名称		JMPR 推荐残留限量标准/（mg/kg）	GB 2763—2021 残留限量标准/（mg/kg）	我国登记情况
14	肉（哺乳动物，除海洋哺乳动物）	Meat（from mammals other than marine mammals）	0.01 *	无	无
15	可食用内脏（哺乳动物）	Edible offal（mammalian）	0.4	无	无
16	蛋	Eggs	0.01 *	无	无
17	可食用内脏（家禽）	Edible offal（poultry）	0.01 *	无	无
18	家禽脂肪	Poultry fats	0.01 *	无	无
19	家禽肉	Poultry meat	0.01 *	无	无

* 方法定量限。

唑虫酰胺在我国登记作物未包括 JMPR 此次评估的作物；同时 JMPR 推荐 ADI 及残留定义与我国一致。

3. 膳食风险评估结果

（1）长期膳食暴露评估：唑虫酰胺的 ADI 为 0～0.006 mg/kg（以体重计）。JMPR 根据 STMR 或 STMR－P 评估了唑虫酰胺在 17 簇 GEMS/食品膳食消费类别的 IEDIs。IEDIs 在最大允许摄入量的 2%～20%之间，基于本次评估的唑虫酰胺使用范围，JMPR 认为其残留长期膳食暴露不大可能引起公共健康关注。

（2）急性膳食暴露评估：唑虫酰胺的 ARfD 为 0.01 mg/kg（以体重计）。JMPR 根据本次评估的 HRs/HR－Ps 或者 STMRs/STMR－Ps 数据和现有的食品消费数据，计算了 IESTIs。对于儿童和一般人群 IESTIs 在 ARfD 的 0%～100%之间（马铃薯和茄子除外）。基于本次评估的唑虫酰胺使用范围，JMPR 认为其残留（马铃薯和茄子除外）急性膳食暴露不大可能引起公共健康关注。

第七章　JMPR 对 CCPR 特别关注化合物的回应

2018 年第 50 次 CCPR 会议对 8 种农药残留限量标准提出了特别关注，分别为噻嗪酮、除虫脲、氟唑菌酰胺、异菌脲、异丙噻菌胺、啶氧菌酯、丙环唑和吡唑醚菌酯。2019 年 FAO/WHO 农药残留联席会议对这 8 项特别关注给予了回应，相关研究结果如下。

一、噻嗪酮（buprofezin，173）

欧盟提出了一项针对噻嗪酮的公共健康风险特别关注，涉及待加工商品中噻嗪酮残留物转化为苯胺的潜在可能性。欧洲食品安全部门（EFSA）指出，苯胺是一种具有遗传毒性的致癌物，而其阈值尚未确定。

JMPR 根据苯胺在转基因大鼠体内遗传毒性研究的结果以及苯胺暴露对大鼠脾脏肿瘤的作用方式，评估了有关苯胺的数据并得出结论，苯胺的已知作用方式在脾脏中不存在致基因突变性，并且导致产生脾脏肿瘤的阈值是明确的。因此，在所评估的膳食暴露水平下苯胺对人体没有致癌作用。JMPR 根据人体志愿者研究中每日 0.2 mg/kg（以体重计）的 NOAEL 引起的血红蛋白水平上升，建立了苯胺的 ADI 为 0～0.02 mg/kg（以体重计）。由于此项研究是在人体中直接开展，因此无须考虑种间安全系数，安全系数为 10。ADI 的上限与大鼠脾脏肿瘤的 LOAEL 的安全边界为 1 100。在建立 ADI 的相同的基础下，制定苯胺的 ARfD 为 0.02 mg/kg（以体重计）。JMPR 认为待加工商品中因噻嗪酮的使用而产生的苯胺残留暴露不会引起公共健康关注。

综上所述，JMPR 根据毒理学数据对噻嗪酮的代谢物苯胺进行了毒理学评估和膳食暴露评估，认为因使用噻嗪酮而产生的苯胺残留不会引起公共健康关注。

二、除虫脲（diflubenzuron，130）

欧盟针对除虫脲的植物代谢物 4 - 氯苯胺提出了公共健康风险特别关注。EFSA 指出，4 - 氯苯胺是一种具有遗传毒性的致癌物，其阈值无法确定。

针对这一关注，JMPR 表示 2019 年没有收到 4 - 氯苯胺的新的研究数据，未能进行相关评估，JECFA 计划在 2019 年 10 月对除虫脲进行评估。

综上所述，针对除虫脲的植物代谢物 4 - 氯苯胺，由于缺少毒理学数据，JMPR 未能进行相关评估。

三、氟唑菌酰胺（fluxapyroxad，256）

2018 年 JMPR 制定了氟唑菌酰胺的新的最大残留限量。在评估柑橘类水果中氟唑菌酰胺的残留量时，JMPR 指出，柠檬（0.38 mg/kg）、葡萄柚（0.15 mg/kg）和橙（0.375 mg/kg）的中位残留量都在 5 倍范围内，而且其他柑橘亚类的残留数据涵盖了宽皮柑橘的单一残留量（0.33 mg/kg）。在注意到柑橘类水果的残留量总体相似并提出了涵盖整个柑橘类水果亚组的建议后，2018 年 JMPR 推荐了柑橘类水果亚组的最大残留限量、STMR 和 HR。

在第 51 届 CCPR 年会中，欧盟、挪威和瑞士对氟唑菌酰胺在柑橘类水果上的残留限量草案提出了特别关注，他们认为氟唑菌酰胺在橙、柠檬和葡萄柚上的残留量存在显著差异，JMPR 在推荐限量时采取的方法不妥。此外，对于柑橘类水果只有一项试验的数据。

柑橘：针对柑橘类水果试验缺乏的问题，JMPR 回顾了《Codex 分类法典》的指导原则和作物组划分标准，指出产品分类的特征有：①商品中农药残留潜在的相似性；②形态学的相似性；③相似的生产过程、生长习性等；④可食用部位；⑤农药 GAP 条件的相似性；⑥残留行为的相似性；⑦设定组（亚组）差异的灵活性。

通过对柑橘类水果的残留进行研究，发现农药茎叶施用后的残留量很大程度上取决于原始沉积量，原始沉积量又取决于一些植物的性质，包括果实和茎叶之间的相对表面积、果实的可湿润性、叶片的表面积和作物形态学等。茎叶施用当日的残留量很好地反映了不同作物的相对残留水平，随着时间的延长，残留量的排序基本保持不变。

原始沉积量可通过调查单次施药后产品中当日的残留量获得。为了扩大数据库，JMPR 认为当施药次数超过 1 次时，若有证据表明先前施药对最终残留的贡献不超过 25%，那么这些数据也可以被利用。JMPR 整理了其在 1993 年至 2017 年期间的评估结果，并整理了一些公开发表的信息，如已发表的科学论文和欧盟的评估报告，建立了一个有效剂量为 1 kg/hm^2 的标准化施用量的初始残留水平数据库。

来自不同商品的初始残留量的汇总见图 7-3-1 的箱线图。框中包含了 50% 的数值（25 百分位到 75 百分位），而端值包括 95% 的残留值，黑色的水平线是中值。

柠檬和酸橙的残留中值为 0.74 mg/kg（$n=55$），柑橘的为 0.62 mg/kg（$n=102$），橙的为 0.47 mg/kg（$n=177$），葡萄柚的为 0.37 mg/kg（$n=27$）。

因此 JMPR 认为，对于茎叶施用，将柠檬和酸橙的残留水平外推至柑橘类水果是合理的。

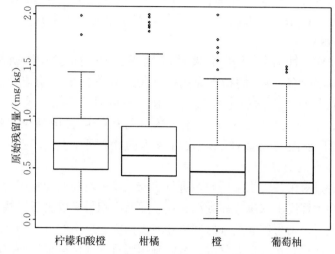

图 7 - 3 - 1　柑橘类水果中的农药原始残留量箱线图

（接近收获时茎叶施用，有效成分标准化为 1 kg/hm²）

柑橘上的氟唑菌酰胺：针对氟唑菌酰胺的具体问题，2019 年 JMPR 重新审查了柑橘中氟唑菌酰胺的残留数据并发现利用综合数据来估计来自不同类群的柑橘类水果中的残留量并非标准的做法。JMPR 决定根据代表性产品的相关数据推荐柑橘类水果的限量标准。

氟唑菌酰胺母体的残留数据如下。

柠檬和酸橙 （$n=7$）：0.15 mg/kg、0.16 mg/kg、0.37 mg/kg、0.38 mg/kg、0.40（2）mg/kg、0.45 mg/kg。

柑橘 （$n=1$）：0.33 mg/kg。

橙 （$n=10$）：0.16 mg/kg、0.18 mg/kg、0.32 mg/kg、0.33 mg/kg、0.37 mg/kg、0.38 mg/kg、0.44 mg/kg、0.50 mg/kg、0.52 mg/kg、0.58 mg/kg。

葡萄柚 （$n=5$）：0.10 mg/kg、0.15（2）mg/kg、0.24 mg/kg、0.27 mg/kg。

氟唑菌酰胺总残留量的数据如下。

柠檬和酸橙 （$n=7$）：0. 15 mg/kg、0. 16 mg/kg、0. 37 mg/kg、0. 38 mg/kg、0. 40 mg/kg、0. 41 mg/kg、0. 45 mg/kg。

柑橘 （$n=1$）：0. 33 mg/kg。

橙 （$n=10$）：0. 16 mg/kg、0. 18 mg/kg、0. 32 mg/kg、0. 33 mg/kg、0. 39 mg/kg、0. 40 mg/kg、0. 44 mg/kg、0. 50 mg/kg、0. 52 mg/kg、0. 59 mg/kg。

葡萄柚 （$n=5$）：0. 10 mg/kg、0. 15 （2） mg/kg、0. 24 mg/kg、0. 27 mg/kg。

JMPR 估计的适用于柑橘类水果亚组的最大残留限量、残留中值和最高残留值如下。

柠檬和酸橙亚组：1 mg/kg、0. 38 mg/kg、0. 46 mg/kg。

橙亚组（酸、甜）：1. 5 mg/kg、0. 395 mg/kg、0. 59 mg/kg。

柚子和葡萄柚亚组：0. 6 mg/kg、0. 15 mg/kg、0. 27 mg/kg。

根据对以上数据的分析，JMPR 同意将柠檬和酸橙的数据外推至柑橘类水果亚组。

2018 年 JMPR 从橙的研究数据中得到了加工因子，JPMR 同意将这些数据外推到柑橘类水果亚组，可参考表 7-3-1 与表 7-3-2。

表 7-3-1　**2018 年 JMPR 评估的氟唑菌酰胺母体、氟唑菌酰胺总残留量的加工因子**

商　品	氟唑菌酰胺	氟唑菌酰胺总残留量
	加工因子（最佳估计）	加工因子（最佳估计）
湿渣	1. 2，1. 15 （1. 2）	1. 2，1. 15 （1. 2）
干果肉	6. 2，3. 48 （4. 8）	6. 2，3. 48 （4. 8）
皮	2. 5，1. 23 （1. 9）	2. 5，1. 23 （1. 9）
果汁	0. 12，0. 018 （0. 12）	0. 032，0. 048 （0. 040）
柑橘酱	0. 045，0. 039 （0. 042）	0. 065，0. 069 （0. 067）
油	65，53 （59）	65，63 （59）

表 7 - 3 - 2　柑橘加工产品中的推荐最大残留限量、残留中值、最高残留值

作　物	加工产品	最大残留限量/ （mg/kg）	STMR - P/ （mg/kg）	HR - P/ （mg/kg）
柠檬和酸橙 最大残留限量＝1 mg/kg STMR＝0.38 mg/kg； HR＝0.46 mg/kg	皮	—	0.72	0.87
	果汁	—	0.015	—
	油	60	22	
橙最大残留 限量＝1.5 mg/kg STMR＝0.395 mg/kg； HR＝0.59 mg/kg	湿渣	—	0.47	0.71
	干果肉	8	1.9	
	皮	—	0.75	1.1
	果汁	—	0.016	
	柑橘酱	—	0.026	
	油	90	23	—
葡萄柚最大残留 限量＝0.6 mg/kg STMR＝0.15 mg/kg； HR＝0.27 mg/kg	果汁	—	0.006	
	油	—	8.9	—

　　因此，JMPR 推荐橙油中氟唑虫酰胺的最大残留限量为 90 mg/kg，以替代其先前推荐的 60 mg/kg，STMR 为 23 mg/kg。干果肉中氟唑虫酰胺的最大残留量为 8 mg/kg，残留中值中为 1.9 mg/kg。

　　氟唑虫酰胺在我国登记范围包括菜豆、草莓、番茄、黄瓜、辣椒、梨树、马铃薯、芒果、苹果、葡萄、水稻、西瓜、香蕉、玉米共计 14 种（类），我国制定了该农药 26 项残留限量标准。

　　氟唑菌酰胺限量标准及登记情况见表 7 - 3 - 3。

　　氟唑菌酰胺在我国登记作物未包括 JMPR 此次评估的作物，且未制定此次评估作物的 MRL；同时 JMPR 推荐 ADI 及残留定义与我国一致。

表 7-3-3 氟唑菌酰胺限量标准及登记情况

序号	食品类别/名称		JMPR 推荐残留限量标准/(mg/kg)	Codex 现有残留限量标准/(mg/kg)	GB 2763—2021 残留限量标准/(mg/kg)	我国登记情况
1	柠檬和酸橙亚组（包括圆佛手柑）	Subgroup of lemons and limes (including citron)	1	无	无	无
2	柑橘亚组（包括类似柑橘的杂交品种）	Subgroup of mandarins	1	无	无	无
3	橙亚组（甜、酸，包括类似橙子的杂交品种）	Subgroup of oranges, sweet, sour (including orange - like hybrids)	1.5	无	无	无
4	柚子和葡萄柚亚组（包括文旦柚之类的杂交品种）	Subgroup of pummelo and grapefruits (including shaddock - like hybrids, among other grapefruit)	0.6	无	无	无
5	可食用橘油	Citrus oil, edible	90	60	无	无
6	干制柑橘果肉	Citrus pulp, dry	8	无	无	无

膳食风险评估结果：JMPR 在 2019 年对氟唑菌酰胺新的推荐结果，并没有引起膳食暴露估计的变化（最大允许摄入量的 20%，最大 ARfD 的 10%），因此膳食风险评估与 2018 年 JMPR 的结论保持一致。

综上所述，JMPR 根据柑橘类水果代表性商品的数据重新对氟唑菌酰胺进行了残留评估，取消了柑橘类水果组限量，新推荐了柠檬和酸橙亚组（包括圆佛手柑）、柑橘亚组（包括类似柑橘的杂交品种）、橙亚组（甜、酸，包括类似橙子的杂交品种）和柚子和葡萄柚亚组（包括文旦柚之类的杂交品种）4 个亚组的 MRL、STMR 和 HR。

四、异菌脲（iprodione，111）

欧盟对异菌脲残留物的安全性提出了特别关注。根据 EFSA 的一份报告，异菌脲的估计摄入量分别为欧盟 ADI 和 ARfD 的 2.7 倍和 17 倍。

欧盟基于在 6 mg/kg（以体重计）的 LOAEL 下出现肾上腺空泡化，制定了异菌脲的 ADI 为 0.02 mg/kg（以体重计），安全系数为 300。而 1995 年 JMPR 基于相同的研究和终点，以安全系数为 100 的每日 6 mg/kg（以体重计）的 NOAEL，制定异菌脲的 ADI 为 0.06 mg/kg（以体重计）。

欧盟基于在兔的发育研究中 20 mg/kg（以体重计）的 LOAEL 下出现脐疝的现象，将异菌脲的 ARfD 制定为 0.06 mg/kg（以体重计），安全系数为 300。而在 1995 年 JMPR 最后一次对异菌脲进行评估时，并未依照常规制定 ARfDs。1995 年 JMPR 毒理学涉及了对相同的兔发育研究的评估，但未提及脐疝是一个关键影响。

JMPR 目前没有收到异菌脲毒理学的相关数据资料，因此无法评判其是否认同欧盟的 ADI 和 ARfD。鉴于距 JMPR 上次评估异菌脲已有 24 年，且欧盟已经提出了对其急性摄入的关注，因此强烈建议优先考虑对异菌脲进行再评价，而且还应包括其在流行病学方面的考虑。

综上所述，JMPR 于 1995 年推荐的异菌脲残留限量标准没有考虑急性膳食风险，欧盟对此提出关注。鉴于本次会议未收到新的毒理学数据，且已有 24 年未更新，JMPR 建议将异菌脲优先作为周期性再评价化合物。

五、异丙噻菌胺（isofetamid，290）

CCPR 第 51 届年会中，欧盟、挪威和瑞士指出，需要修订异丙噻菌胺对于灌木浆果亚组、干豆类亚组（大豆除外）及干豌豆亚组的 MRLs。欧盟、挪威和瑞士规定灌木浆果亚组中的 MRL 应为 4 mg/kg，而 2018 年 JMPR 推荐的是 5 mg/kg。欧盟、挪威和瑞士在干豆类亚组（大豆除外）和干豌豆亚组试验中观察到的 HR 为 0.08 mg/kg，且根据残留试验数据设定的 MRL 为 0.09 mg/kg，而 2018 年 JMPR 推荐的是 0.05 mg/kg。

对于这一关注，2019 年，JMPR 根据相关残留试验数据重新评估后推荐了异丙噻菌胺在灌木浆果亚组中的 MRL 为 4 mg/kg，STMR 为 0.31 mg/kg，HR 为 3 mg/kg。因此，JMPR 建议用 4 mg/kg 的最大残留量取代原先的 5 mg/kg。2019 年，JMPR 推荐异丙噻菌胺在干豆类亚组（大豆除外）及干豌豆亚组的 MRL 为 0.09 mg/kg，STMR 为 0.01 mg/kg。因此，JMPR 建议用 0.09 mg/kg 的最大残留量取代原先的 0.05 mg/kg 的推荐值。

2018 年 JMPR 评估的 IEDIs 和 IESTIs 结果仍然适用于重新推荐的灌木浆果亚组、干豆类亚组（大豆除外）及干豌豆亚组的 MRLs。JMPR 认为，长期和急性膳食暴露于灌木浆果、干豆及干豌豆中的异丙噻菌胺不大可能引起公共健康关注。

适用于制定 MRL 和 IEDI 及 IESTI 评估的残留限量（异丙噻菌胺）见表 7-5-1。

表 7-5-1 适用于制定 MRL 和 IEDI 及 IESTI 评估的残留限量（异丙噻菌胺）

食品名称		推荐的残留限量标准/(mg/kg)		STMR or STMR-P/(mg/kg)	HR or HR-P/(mg/kg)
		2019 年新推荐	2018 年推荐		
灌木浆果亚组	Subgroup of bush berries	4	5	0.31	3

（续）

食品名称		推荐的残留限量标准/（mg/kg）		STMR or STMR－P/（mg/kg）	HR or HR－P/（mg/kg）
		2019 年新推荐	2018 年推荐		
干豆类亚组（大豆除外）	Subgroup of dry beans（except soya beans）	0.09	0.05	0.01	—
干豌豆亚组	Subgroup of dry peas	0.09	0.05	0.01	—

综上所述，欧盟提出灌木浆果亚组的 MRL 应该为 4 mg/kg，干豆类亚组（大豆除外）的 MRL 应该为 0.09 mg/kg，干豌豆亚组的 MRL 应该为 0.09 mg/kg，JMPR 根据残留数据重新推荐了异丙噻菌胺在灌木浆果亚组、干豆类亚组（大豆除外）和干豌豆亚组的残留限量标准。

六、啶氧菌酯（picoxystrobin，258）

针对啶氧菌酯，欧盟提出了有关公共健康风险的特别关注，由于啶氧菌酯存在若干方面的问题，欧盟无法制定其参考剂量。根据 EFSA 的报告，关注列表主要涉及：

1. 啶氧菌酯的遗传毒性；

2. 啶氧菌酯代谢物 IN－H8612 的染色体致畸性；

3. 毒性研究中测试的产品规格与商业销售的产品规格差异的不确定性；

4. 缺乏与欧盟特定要求的相关信息，如"内分泌干扰"等。

JMPR 在 2012 年对啶氧菌酯进行了评估，根据 90 d 和 1 年的犬的研究所得到的 NOAEL，制定 ADI 为 0～0.09 mg/kg（以体重计），ARfD 为 0.09 mg/kg（以体重计）。2012 年 JMPR 指出，在哺乳动物细胞基因突变试验中，啶氧菌酯呈弱阳性反应。这是 EFSA 表示关注的问题，但 JMPR 认为啶氧菌酯不大可能具有遗传毒性。

2013 年，JMPR 对一项针对啶氧菌酯代谢物 IN‑H8612 的体内微核研究进行了评估，该研究旨在调查两种体外哺乳动物细胞染色体畸变试验中的一项阳性反应。JMPR 认为新研究的结果是阴性的，利用 TTC 方法可以认定啶氧菌酯代谢物 IN‑H8612 不具有遗传毒性。EFSA 则认为这一研究是模棱两可的。

JMPR 和 EFSA 对啶氧菌酯以及啶氧菌酯代谢物 IN‑H8612 的基因毒性数据的解释不同。

JMPR 了解到报告缺乏关于"内分泌干扰"等欧盟具体要求的信息。在欧盟体系内，内分泌干扰是一项风险识别程序，但 JMPR 将这些方面作为其风险评估的一部分。因此，JMPR 认为，基于膳食暴露中的啶氧菌酯不大可能引起公共健康关注。

综上所述，欧盟提出啶氧菌酯及其代谢物的毒理学问题，JMPR 经评估后认为啶氧菌酯不大可能具有遗传毒性，其代谢物也不大可能具有遗传毒性，及其对内分泌干扰物的风险评估政策不一致。综上所述，啶氧菌酯的膳食暴露不大可能引起公共健康关注。

七、丙环唑（propiconazole，160）

在 CCPR 第 51 届年会上，由于 2013 年 JMPR 评估时采用的 GAP 条件在美国仍然有效，因此有成员要求继续保留丙环唑在桃上的限量标准 [5 mg/kg（Po）]。JMPR 在 2017 年、2018 年考虑了美国批准的桃和李中新的 GAP 条件，并建议用 0.7 mg/kg（Po）代替现有的 5 mg/kg（Po）桃中的限量标准。

JMPR 得到确认，2013 年审议时的桃的 GAP 条件在美国仍然有效。该 GAP 条件为对桃进行的采后在线浸（淋）处理，有效成分施用量为 0.14 g/L。JMPR 指出在 2013 年评估时采用的方法是根据 OECD 计算器的 3 倍平均值的方法得到了 5 mg/kg（Po）的标准。根据 2018 年 JMPR 年制定的新规定，对于采后用药，如果可以得到均匀性的结果，应该使用"均值＋4SD"方法来估算残留限量。

丙环唑在桃上的残留量依次为（$n=4$）：1.2 mg/kg、1.4 mg/kg、1.7 mg/kg 和 2.1 mg/kg，最大的分析结果为 2.2 mg/kg。在桃上的总残留量（丙环唑加上所有可转化为 2,4-二氯苯甲酸的代谢物）依次为（$n=4$）：0.73 mg/kg、1.1 mg/kg、2.3 mg/kg 和 2.5 mg/kg。根据上述相关试验结果，JMPR 对桃亚组（包括杏和油桃）中丙环唑的新推荐的最大残留限量为 4 mg/kg（Po），STMR 为 1.7 mg/kg，HR 为 2.5 mg/kg，取缔先前的推荐值。

（1）长期膳食暴露评估：丙环唑的 ADI 为 0～0.07 mg/kg（以体重计）。JMPR 根据 2017 年和本次制定的 STMR 评估了丙环唑在 17 簇 GEMS/食品膳食消费类别的 IEDIs。IEDIs 在最大允许摄入量的 1%～7%之间。基于本次评估的丙环唑使用范围，JMPR 认为其残留长期膳食暴露不大可能引起公共健康关注。

（2）急性膳食暴露评估：丙环唑的 ARfD 为 0.3 mg/kg（以体重计），计算了其基于在桃中残留的 IESTIs。对于儿童，IESTIs 在 ARfD 的 0%～40%之间，对于普通人群则在 2%～20%之间。基于本次评估的丙环唑使用范围，JMPR 认为其残留急性膳食暴露不大可能产生公共健康风险。

综上所述，根据新提供的 GAP 和 2018 年 JMPR 制定的新规则，对于采后用药，样品中残留分布均匀，应使用"均值＋4SD"方法估算 MRL。JMPR 使用新的计算方法对丙环唑进行了重新评估。

八、吡唑醚菌酯（pyraclostrobin，210）

CCPR 第 51 届年会上指出，2018 年 JMPR 报告中的菠菜的 HR 有误，并且对于根类蔬菜亚组的推荐最大残留限量应该排除糖用甜菜根。

针对这一关注，JMPR 重新审查了菠菜中吡唑醚菌酯的残留数据，发现 2018 年 JMPR 误将一项意大利试验中的 0.091 mg/kg 残留数据记录为 0.91 mg/kg。

正如 2018 年 JMPR 所指出的，欧盟中涉及菠菜的国家 GAP 信息主要是德国（有效成分施用剂量 2×0.1 kg/hm^2，RTI 为 8 d，PHI 为 14 d）和意大利（有效成分施用剂量 2×0.1 kg/hm^2，RTI 为 7 d，PHI 为 14 d）标准。在法国、德国和意大利进行的与 cGAP 条件相匹配的 10 项试验中，菠菜中的残留量分别为：< 0.01 mg/kg、0.02（2）mg/kg、0.05（2）mg/kg、0.091 mg/kg、0.13（2）mg/kg、0.28 mg/kg 和 0.31 mg/kg。根据这些相关实验数据，JMPR 新制定菠菜中吡唑醚菌酯的最大残留限量为 0.6 mg/kg，STMR 为 0.071 mg/kg，HR 为 0.31 mg/kg。JMPR 撤销了此前推荐的菠菜中 1.5 mg/kg 的限量标准。

关于根类蔬菜亚组，JMPR 注意到美国作物分类中将糖用甜菜根排除在根类蔬菜亚组的分组之外，而且美国对于根类蔬菜亚组和糖用甜菜根两者的 GAP 条件也有很大差异，因此决定修改其先前对于根类蔬菜亚组的推荐，从根类蔬菜亚组中剔除糖用甜菜根。

适用于制定 MRL 和 IEDI 及 IESTI 评估的残留限量（吡唑醚菌酯）见表 7-8-1。

表 7-8-1 适用于制定 MRL 和 IEDI 及 IESTI 评估的残留限量（吡唑醚菌酯）

食品名称		推荐的残留限量标准/(mg/kg)		STMR or STMR-P/ (mg/kg)	HR or HR-P/ (mg/kg)
		2019 年新推荐	2018 年推荐		
根类蔬菜亚组	Subgroup of root vegetables（includes all commodities in the subgroup）	W	0.5	0.12	0.3

（续）

食品名称		推荐的残留限量标准/（mg/kg）		STMR or STMR‐P/（mg/kg）	HR or HR‐P/（mg/kg）
		2019年新推荐	2018年推荐		
根类蔬菜亚组（糖用甜菜根除外）	Subgroup of root vegetables （includes all commodities in the subgroup except sugar beet）	0.5	无	0.12	0.3
菠菜	Spinach	0.6	1.5	0.071	0.31

W：撤销限量。

综上所述，JMPR 重新审查了菠菜的残留数据，2018 年 JMPR 将残留数据 0.091 mg/kg 误写为 0.91 mg/kg。JMPR 根据更正后的数据，重新推荐了菠菜中的 MRL、STMR 和 HR。JMPR 根据美国提供的 GAP，撤销根类蔬菜亚组的相关限量标准，新建立根类蔬菜亚组（糖用甜菜根除外）的相关限量标准。

附录　国际食品法典农药最大残留限量标准制定程序

在国际食品法典农药残留限量标准制定中，JMPR 作为风险评估机构，负责开展风险评估，CAC 和 CCPR 作为风险管理机构，负责提供有关风险管理的意见并进行决策。

一、食品法典农药残留限量标准制定程序

食品法典农药残留限量标准的制定遵循《食品法典》标准制定程序，标准制定通常分为八步，俗称"八步法"[①]。

第 1 步：制定农药评估工作时间表和优先列表。食品法典农药残留限量标准制定过程首先是要有一个法典成员或观察员提名一种农药进行评价，提名通过后，CCPR 与 JMPR 秘书处协商确定评价优先次序，安排农药评价时间表。提名主要包括以下 4 个方面：新农药、周期性评价农药、JMPR 已评估过的农药的新用途以及其他需要关注的评价（例如毒理学关注或者 GAP 发生变化）。被提名的农药必须满足以下要求，即该农药已经或者计划在成员登记使用，提议审议的食品或饲料存在国际贸易，并且该农药的使用预计将会在国际贸易中流通的某种食品或饲料中存在残留，同时提名该农药的法典成员或观察员承诺按照 JMPR 评审要求提供相关数据资料[②]。

[①]　FAO Submission and evaluation of pesticide residues data for the estimation of maximum residue levels in food and feed，3 rd ed，2016

[②]　FAO/WHO Codex "Risk Analysis Principles Applied by the Codex Committee on Pesticide Residues"

第 2 步：JMPR 评估并推荐农药残留限量标准建议草案。JM-PR 推荐食品和饲料中 MRLs 基于良好农业规范（GAP），同时考虑到膳食摄入情况，符合 MRLs 标准的食品被认为在毒理学上风险可以接受。WHO 核心评估小组（WHO/JMPR panel）审议毒理学数据，确定毒理学终点，推荐每日允许摄入量（ADI）和急性参考剂量（ARfD）。FAO 农药残留专家组（FAO/JMPR panel）审议农药登记使用模式、残留环境行为、动植物代谢、分析方法、加工行为和规范残留试验数据等残留数据，确定食品和饲料中农药残留物定义（residue definition）、规范残留试验中值（STMR）、残留高值（HR）和最大残留限量推荐值（MRL）。随后，JMPR 对短期（一天）和长期的膳食暴露进行估算并将其结果与相关的毒理学基准进行比较，风险可以接受则推荐到 CCPR 进行审议。

第 3 步：征求成员和所有相关方意见。食品法典秘书处准备征求意见函（CL），征求法典成员或观察员和所有相关方对 JMPR 推荐的残留限量建议草案的意见。征求意见函一般在 CCPR 年会召开前 4～5 个月发出，法典成员或观察员可以通过电邮或者传真将意见直接提交到 CCPR 秘书处或工作组。

第 4 步：CCPR 审议标准建议草案。CCPR 召开年度会议，讨论并审议农药残留限量标准建议草案以及成员意见。如果标准建议草案未能通过成员的审议，则退回到第二步重新评估，或者停止制定。如标准建议草案没有成员的支持、反对或异议时，可以考虑采取"标准加速制定程序"。

第 5 步：CAC 审议标准草案。CCPR 审议通过的标准建议草案，提交 CAC 审议。

第 5/8 步：如果成员对经 CAC 审议通过的标准建议草案无异议，即可成为食品法典标准。在这种情况下，就无须进行第 6、7 步，而是从第 5 步直接到第 8 步，即标准加速制定程序。

第 6 步：再次征求成员和所有相关方意见。法典成员或观察员和所有相关方就 CAC 审议通过的标准草案提出意见。

第 7 步：CCPR 再次审议标准草案。CCPR 召开年度会议，讨论并审议农药残留限量标准草案以及成员意见。

第8步：CAC通过标准草案，并予以公布。CCPR审议通过的标准草案，提交CAC审议。CAC审议通过，成为一项法典标准。

二、标准加速制定程序

上文提到的第5/8步，是为加速农药残留限量标准的制定而采取的标准加速程序。当推荐的标准建议草案在第一轮征求意见和CCPR审议时没有成员提出不同意见时，CCPR可建议CAC省略第6步和第7步，即省略第二轮征求意见步骤，直接进入第8步，提交CAC大会通过并予以公布。使用该程序的先决条件是JMPR的评估报告（电子版）至少在2月初可以上网获得，同时JMPR在评估中没有提出膳食摄入风险的关注。标准加速程序如下：

第1步：制定农药评估优先列表。

第2步：JMPR评估并推荐农药残留限量标准建议草案。

第3步：征求成员和所有相关方意见。

第4步：CCPR审议标准建议草案。

第5步：CAC通过标准草案，并予以公布。

图书在版编目（CIP）数据

国际食品法典农药残留标准制定进展.2021 / 农业农村部农药检定所组编；黄修柱等主编 . —北京：中国农业出版社，2023.7
ISBN 978 - 7 - 109 - 30949 - 4

Ⅰ.①国… Ⅱ.①农… ②黄… Ⅲ.①食品污染—农药残留量分析—食品标准—世界—2021 Ⅳ.①TS207.5

中国国家版本馆 CIP 数据核字（2023）第 141115 号

中国农业出版社出版
地址：北京市朝阳区麦子店街 18 号楼
邮编：100125
责任编辑：阎莎莎 文字编辑：董 倪
版式设计：王 晨 责任校对：吴丽婷
印刷：中农印务有限公司
版次：2023 年 7 月第 1 版
印次：2023 年 7 月北京第 1 次印刷
发行：新华书店北京发行所
开本：880mm×1230mm 1/32
印张：5.75
字数：160 千字
定价：49.00 元